OpenStack 云应用开发

Scott Adkins
John Belamaric
[美] Vincent Giersch 著
Denys Makogon
Jason Robinson
刘越男 译

清华大学出版社
北 京

Scott Adkins, John Belamaric, Vincent Giersch, Denys Makogon, Jason Robinson
OpenStack Cloud Application Development
EISBN：978-1-119-19431-6

北京市版权局著作权合同登记号 图字：01-2016-5202

图书在版编目(CIP)数据

OpenStack 云应用开发 / (美)斯科特·阿德金斯(Scott Adkins) 等著；刘越男 译. —北京：清华大学出版社，2016

书名原文：OpenStack Cloud Application Development

ISBN 978-7-302-45050-4

Ⅰ. ①O… Ⅱ. ①斯… ②刘… Ⅲ. ①计算机网络—研究 Ⅳ. ①TP393

中国版本图书馆 CIP 数据核字(2016)第 218598 号

责任编辑：王　军　于　平
装帧设计：牛静敏
责任校对：曹　阳
责任印制：宋　林

出版发行：清华大学出版社
网　　址：http://www.tup.com.cn，http://www.wqbook.com
地　　址：北京清华大学学研大厦 A 座　　邮　　编：100084
社 总 机：010-62770175　　邮　　购：010-62786544
投稿与读者服务：010-62776969，c-service@tup.tsinghua.edu.cn
质 量 反 馈：010-62772015，zhiliang@tup.tsinghua.edu.cn
印 刷 者：北京鑫丰华彩印有限公司
装 订 者：三河市溧源装订厂
经　　销：全国新华书店
开　　本：185mm×260mm　　印　　张：10.25　　字　　数：250 千字
版　　次：2016 年 10 月第 1 版　　印　　次：2016 年 10 月第 1 次印刷
印　　数：1～3100
定　　价：39.00 元

产品编号：068687-01

译　者　序

OpenStack 是一个开源的云计算项目，旨在为公有云和私有云的建设与管理提供解决方案。它的开源社区拥有众多企业和开发人员的支持，近年来发展迅速。OpenStack 几乎支持所有类型的云环境，简化了应用部署过程并为其带来良好的可扩展性，提供了一种实施简单、可大规模扩展、丰富、标准统一的云计算管理平台，为企业构建内部基础设施服务提供了解决方案。OpenStack 丰富且日益完善的功能使其在众多云计算解决方案中脱颖而出。

网络和市面上可供参考的 OpenStack 相关资料繁多而杂乱，加上各种各样的虚拟化和云计算产品，常常令初学者感到困惑，尤其是在构建和部署云应用时，他们不知如何选择适合自己的产品和工具。本书的 5 位作者都是在职的资深软件工程师，在软件开发、云计算领域有着丰富的知识储备和大量的实践经验。他们将自己的知识和经验融汇于本书，对 OpenStack 进行了循序渐进、深入浅出的讲解。OpenStack 各个组件之间错综复杂的关系曾经让初涉云计算的我望而生畏，在学习的过程中遭遇挫折困顿，而在阅读完本书后，那些曾经大惑不解的地方都变得豁然开朗。《OpenStack 云应用开发》无论对于刚入门的新手还是正在实践云应用的开发人员来说，都是值得一读的优秀读物。

本书从云计算的概念开始介绍，然后阐述 OpenStack 的核心项目和附加项目，最后讲述如何构建、改进和部署 OpenStack 云应用。示例应用的构建和部署贯穿在此过程中，以便更深入地向读者展示云平台的工作机制，同时本书也提供一些云应用开发和部署的建议和技巧，以便让读者的 OpenStack 实践过程更加顺利。此外，本书针对多种可集成到 OpenStack 平台的第三方工具以及各种虚拟化平台进行对比，并分析其适用场景，以帮助读者选择适合自己的工具和平台。本书还详细讲述如何构建高可用和弹性的云应用，相信读者在阅读完本书后，对云应用的构建和部署会有一个更清晰的思路和方法。

这里要感谢清华大学的编辑，他们为本书的翻译和出版付出了心血和努力，没有她们的帮助和鼓励，本书不可能顺利付梓。

对于本书的翻译，译者本着忠于原文的态度，在翻译过程中力求清晰准确，但是鉴于译者水平有限，错误和失误在所难免，如有任何意见和建议，请不吝指正。本书的全部章节由刘越男翻译，参与本次翻译的还有刘启明、廖双权、李春波、刘越、任文亭、刘秋云和孙凯。

最后，希望读者通过阅读本书能够打开云计算的大门，开发出高效运行的云应用，收获新的价值增长！

译　者

作 者 简 介

Scott Adkins 是美国康卡斯特电信公司云计算运维团队的技术主管，他帮助该团队部署内部 OpenStack 环境，并帮助其他团队走上云计算之路。特别是，Scott 帮助云计算新手了解 pet vs. cattle 模型以及如何调整应用，使之在 OpenStack 云环境中更高效地运行。Scott 担任 UNIX 和 Linux 系统管理员已经超过 30 年。他在 Comcast 公司任职之前曾经是 Savvis 通信公司 UNIX 团队的技术主管。Scott 与妻子和 4 个孩子居住在弗吉尼亚州利斯堡市。

John Belamaric 是一名有 20 年软件设计和开发经验的软件系统架构师。他目前的工作重点是自动化云网络。他是 Infoblox Cloud 产品的主要架构师，专注于 OpenStack 集成和开发。作为 Infoblox 网络自动化产品线的首席架构师，他有着大量的经验，在网络、网络管理、软件和产品设计上有丰富的知识储备。他是 OpenStack Neutron 和 Designate 项目的贡献者。他和他的妻子 Robin 以及两个孩子(Owen 和 Audrey)居住在马里兰州贝塞斯达市。

Vincent Giersch 是 Flat.io 公司的联合创始人兼首席技术官，主要从事 SaaS 应用的自动化部署和伸缩相关工作。在此之前，在肯特大学与 JANET 合作设计并实现了 OpenStack Keystone 对 IETF ABFAB(超网络联合访问应用桥接，Application Bridging for Federated Access Beyond Web)的支持，以提供非 Web 的联合认证。最近，他在 OVM.com 公司担任 R&D 平台工程师，开发基于 OpenStack 的 Docker 托管平台。他来自法国南特。

Denys Makogon 是云平台开发人员和软件架构师，主要关注于平台和 OpenStack 软件即服务应用的开发和设计。他是 Gigaspaces 公司的软件开发主管，专注于 Cloudify 产品的开发，同时带来该产品与 VMware 云平台以及 Cloud Air 良好设计和产品化的集成方案。他是 OpenStackDBaaS 平台和 OpenStackCloud-Validation 开源框架的贡献者。他居住在乌克兰哈尔科夫。

Jason Robinson 是 GoDaddy 公司的一名高级平台开发人员。他帮助团队将传统应用过渡到内部 OpenStack 云平台，专注于编排和可恢复性。在从事 OpenStack 相关工作之前，他是 GoDaddy 公司云存储产品的架构师和邮件产品的主要开发人员。Jason 作为一名专业的 Web 开发者已经工作了 18 年，除了在 GoDaddy、Verizon 和 GTE 之类的科技公司担任工程师主管外，他还在电子商务、远程医疗和流媒体领域从事广泛的工作。在追求完美的可扩展应用之外，Jason 还是一位跑步酷爱者、发明家、业余哲学家。

技术编辑简介

Chris Dent 是 Red Hat 高级软件工程师，主要关注 OpenStack 改进、集成和测试。在就职于 RedHat 之前，他是一名为协作文档系统设计和开发 HTTP API 的自由职业顾问。

Lars Butler 是 ZeroVM 产品的核心工程师，并在亚特兰大 OpenStack 峰会上领导了该项目的小型峰会。他以前的相关工作包括 OpenQuake 引擎，一个用于计算全球地震灾害和风险的可扩展的分布式计算引擎，与瑞士地震服务中心合作开发完成。

Joe Talerico 是 Red Hat 性能优化功能师，是一位经验丰富的高级电脑工程师，擅长将前沿技术集成到现有基础设施。他开发了云计算、虚拟化、存储、终端用户计算、统一通信、数据中心、IPTV 和 Android 相关技术领域的解决方案与自动化框架。

致　谢

我要感谢我的妻子和孩子，他们在我从事该项目期间给予很大的耐心和支持。我还要感谢 OpenStack 社区为建立和支持开源云所做的一切工作。没有 OpenStack 社区，就不会有我们今天的云平台！

——Scott Adkins

我要感谢我的妻子和孩子对这个项目的支持和鼓励。

——John Belamaric

我要感谢整个团队，他们帮助我完成这个项目并给予适当的支持，还要感谢我的家庭，他们帮助我专注于这本书的编写。

——Denys Makogon

我要感谢我的妻子 Tara，在我编写本书时照顾我们所有人。还有我的哥哥，他给了我第一台电脑。当然还有我的父母，他们给予我莫大的支持，甚至是在我决定攻读哲学学位时。

——Jason Robinson

前　　言

OpenStack 是一组软件包，用于管理虚拟化资源，包括计算、网络和存储。它能够创建和销毁虚拟机，使用私有网络将虚拟机连接在一起并为其提供基于网络的存储，并且可从内部网络和外部世界访问虚拟机。OpenStack 为所有这些操作提供一致且统一的 API 服务，对使用该 API 的应用隐藏特定于虚拟机管理程序和厂商的细节。它还提供基于相同 API 的用户界面，允许用户查看和管理虚拟资源。

本书读者对象

本书适合对了解 OpenStack 及其如何转变应用设计和开发过程感兴趣的应用开发人员。本书也适合刚接触云环境的新手，想要对该环境有广泛了解的读者，以及想要深入了解 OpenStack 并付诸实践的读者。

本书内容

本书将提供对云概念的广泛理解，介绍其如何适应应用开发人员的日常开发工作。然后会深入讲述对应用开发人员而言最重要的 OpenStack 服务，并展示这些服务如何对应用部署和应用设计带来改变。本书将提供关于每个服务的详细信息，并提供一些示例来展示应用开发人员如何使用每个服务。

本书结构

本书分为两部分。第 I 部分提供 OpenStack 概述。这部分的目的是奠定基础，涵盖所有 OpenStack 技术并讲述哪些技术是最重要的。

第 II 部分引导读者进入 OpenStack 应用开发和部署阶段。在该部分，你将在 OpenStack 之上构建一个示例应用，该例深入探讨相关技术，提供一些建议，并帮助你从这些相似技术的视角了解 OpenStack。

以下是章节列表：

- 第 I 部分：OpenStack 概述
    - 第 1 章：OpenStack 介绍
    - 第 2 章：了解 OpenStack 生态系统：核心项目
    - 第 3 章：了解 OpenStack 生态系统：附加项目

- 第Ⅱ部分：使用 OpenStack 开发和部署应用
  - 第 4 章：应用开发
  - 第 5 章：改进应用
  - 第 6 章：部署应用

阅读本书需要具备的基础知识

你需要了解应用开发的基础知识——应用如何由多台服务器构成，例如 Web 服务器、应用服务器和数据库服务器。你不必了解任何云平台特有的知识，但是应该知道虚拟化和虚拟机是什么，并对网络有一个基本的了解。

约定

为了帮助你从本书中学到更多并跟踪所讲述的内容，我们在本书中使用了一些约定。可以自行下载并试验的示例一般会出现在一个框内，如下所示：

示例标题

该部分对示例进行简要概述。

源代码

该部分包含示例源代码。

```
源代码
```

输出

该部分列举输出结果：

```
示例输出
```

注释：注释包含备注、建议、提示、技巧或当前讨论的旁白。

源代码

在学习本书中的示例时，可以手工输入所有的代码，也可以使用本书附带的源代码文件。本书使用的所有源代码都可以从站点 www.wrox.com 下载。对于本书而言，可以从 www.wrox.com/go/openstackcloudappdev 和 https://github.com/johnbelamaric/openstack-appdev-book 页面的 Download Code 选项卡上下载代码。也可以通过 ISBN 在 www.wrox.com 上搜索本书(本书的 ISBN 是 978-1-119-19431-6)来找到源代码。还可以通过本书封底的二维码下载源代码。

提示：

由于许多图书的标题都很类似，因此按 ISBN 搜索是最简单的，本书英文版的 ISBN 是 978-1-119-19431-6。

下载代码后，只需用自己喜欢的解压缩软件对它进行解压缩即可。另外，也可以进入 http://www.wrox.com/dynamic/books/download.aspx 上的 Wrox 代码下载主页，查看本书和其他 Wrox 图书的所有代码。

勘误表

尽管我们已经尽了各种努力来保证文章或代码中不出现错误，但是错误总是难免的，如果你在本书中找到了错误，例如拼写错误或代码错误，请告诉我们，我们将非常感激。通过勘误表，可以让其他读者避免受挫，同时，这还有助于提供更高质量的信息。

请给 wkservice@vip.163.com 发电子邮件，我们就会检查你的反馈信息，如果是正确的，我们将在本书的后续版本中采用。

要在网站上找到本书英文版的勘误表，可以登录 www.wrox.com/go/openstackcloudappdev，单击 Errata 链接。在这个页面上可以查看到 Wrox 编辑已提交和粘贴的所有勘误项。

如果没有在本书的勘误页面发现你要找的错误，请访问 www.wrox.com/contact/techsupport.shtml，完成该页面上的表格并将你所发现的错误发送给我们。我们会检查所提交的信息，如果合理，会在本书的勘误页面上发布一条信息并在本书的后续版本中修复它。

p2p.wrox.com

要与作者和同行讨论，请加入 http：//p2p.wrox.com 上的 P2P 论坛。这个论坛是一个基于 Web 的系统，便于你张贴与 Wrox 图书相关的消息和相关技术，与其他读者和技术用户交流心得。该论坛提供了订阅功能，当论坛上有新的消息时，它可以给你传送感兴趣的论题。Wrox 作者、编辑和其他业界专家和读者都会到这个论坛上来探讨问题。

在 http://p2p.wrox.com 上，有许多不同的论坛，它们不仅有助于阅读本书，还有助于开发自己的应用程序。要加入论坛，可以遵循下面的步骤：

(1) 进入 p2p.wrox.com，单击 Register 链接。

(2) 阅读使用协议，并单击 Agree 按钮。

(3) 填写加入该论坛所需要的信息和自己希望提供的其他信息，单击 Submit 按钮。

(4) 你会收到一封电子邮件，其中的信息描述了如何验证账户，完成加入过程。

提示：

不加入 P2P 也可以阅读论坛上的消息，但要张贴自己的消息，就必须加入该论坛。

加入论坛后，就可以张贴新消息，响应其他用户张贴的消息。可以随时在 Web 上阅读消息。如果要让该网站给自己发送特定论坛中的消息，可以单击论坛列表中该论坛名旁边的 Subscribe to this Forum 图标。

关于使用 Wrox P2P 的更多信息，可阅读 P2P FAQ，了解论坛软件的工作情况以及 P2P 和 Wrox 图书的许多常见问题。要阅读 FAQ，可以在任意 P2P 页面上单击 FAQ 链接。

目　　录

第Ⅰ部分　OpenStack 概述

第Ⅱ部分　使用 OpenStack 开发和部署应用

第 I 部分

OpenStack概述

第 1 章

OpenStack 介绍

本章内容

- 云计算模型
- 云计算与应用开发者的相关性
- OpenStack 是不错云平台选择的原因
- 综合使用 OpenStack 的方式

1.1 云计算介绍

围绕云计算有很多炒作，常常很难从这些炒作中清晰地理解任何人要表达的意思。它仅仅是虚拟化吗？它是诸如微软 Office 365 和 Salesforce.com 之类的软件即服务(Software-as-a-Service，SaaS)吗？还是从亚马逊 Web 服务(Amazon Web Services, AWS)或 Azure 即时获取虚拟机的能力？又或者是诸如 Dropbox 之类的在线存储？

1.1.1 云计算的类型

实际上，云计算是指以上描述的所有事物及更多事物。美国国家标准与技术研究院(National Institute of Standards and Technology，NIST)提出了一个基于以下 5 个关键要素的"官方"定义：按需自助服务、广泛的网络访问、池化资源、可伸缩性和可度量的服务。一般情况下，这些特性可以在几种不同的模型中提供，这些模型有助于理清混乱和炒作的言论。事实上，这些要素可看作栈中的层，每一层在前一层的基础上构建(见图 1-1)。

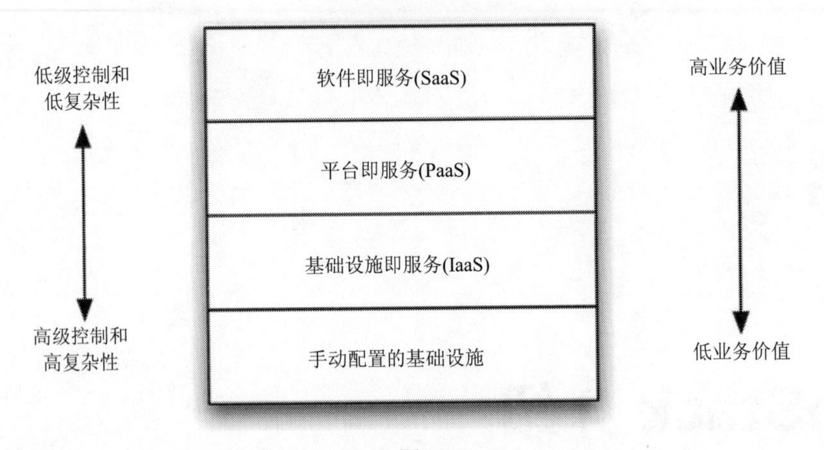

图 1-1

在图 1-1 中，“手动配置的基础设施(Manually Provisioned Infrastructure)”代表建立信息系统基础设施的传统方法，这种基础设施不是云计算。在这种环境下，物理机器逐个进行上架、连接和配置。这样就提供了完全的控制权，但在建立或需要改变时要求花费大量的时间和精力。当然，所有的云在某个时候都需要运行在物理基础设施上，所以这为其他方面提供了基础。然而，使云计算成功的关键之一是将复杂性从栈中的当前层级移到较高的层级上。

基础设施即服务(Infrastructure-as-a-Service，IaaS)是云计算栈中最基本的层级。这一层是 OpenStack 主要的关注点，也是 AWS 的主要关注点。它使得计算、网络和存储能够自动化或自助提供。通常情况下，这些资源作为虚拟机(Visual Machine，VM)提供，但是也可以用来启动裸机服务器(即物理主机)。这称为“裸机即服务(Mental-as-a-service)”，并且 OpenStack 也提供了管理该服务的项目。或者也可以启动容器，而不是虚拟机或裸机服务器。关键是该层能够自动化地提供(可选)连接网络和存储的计算实例。

平台即服务(Platform-as-a-Service，PaaS)建立在 IaaS 之上，能够提供应用而不是可能用来运行应用的基础设施。因此，PaaS 提供了应用所需的核心通用服务，以及配置和部署应用以使用这些服务的机器。PaaS 通常会提供一个完整的应用栈(Web 服务器、应用服务器、数据库服务器等)，在其中可以轻松地部署应用。Heroku(https://www.heroku.com)是一个使用各种标准框架(例如 Ruby-on-Rails)构建应用的流行 PaaS 例子。使用 Heroku 可以通过简单的 git push 命令将应用部署到 Internet 上。作为应用的开发者和部署人员，你不必担心配置和部署不同的层，甚至不用担心如何扩展它们。如果按照 Heroku 的约定，一切会由 PaaS 处理。

软件即服务(Software-as-a-Service，SaaS)是离底层物理基础设施最远的层。它可能建立在 IaaS 或 PaaS 之上，但这不是必需的——关键是用户永远不会真正知道这一点。这是从用户的角度来看待云计算最简单的形式，因为他们没有深入了解服务背后实际的机制和体系。它仅仅是用户使用的一个服务。通常，该层以一个网站的形式提供，例如 Salesforce.com。但是，你也可以获取较低级别的服务，如数据库即服务(Database-as-a-service)，其中可以简单地通过含有某些参数的 API(或网站)获取数据库服务，并且它会提供一个 IP 和端口来连接服务。作为服务的用户，你不必担心如何扩展服务——但随着所使用服务的增加，你将支付更多费用。

简单而言，IaaS 提供工具来从底层“构建”系统。PaaS 让你可以“部署”应用，而无须担心底层的基础架构。SaaS 让你可以“购买”应用——你甚至都不需要部署或管理它们。这是减少控制和复杂性的稳步演变，同时提升了直接的业务价值。

这些是云计算的一般模型，但事实上它们之间的区别并不总是一清二楚的。SaaS 和 PaaS 之间的关系尤其复杂。具体的、复杂的 SaaS 可能会使用 PaaS 甚至其他更加精细的 SaaS。甚至 PaaS 也可能组合更低层的部分作为软件服务的集合。例如，大多数服务需要一个身份管理(认证、授权和计费)服务。这个身份识别服务是 PaaS 提供给应用的关键功能之一。然而，这个服务没有理由不可以由一些外部的 SaaS 提供！在这种情况下，PaaS 的一个关键功能由低层的 SaaS 提供。

1.1.2　云基础设施部署模型

除了云提供的功能外，有几种不同的云部署模型。公有云是大多数开发者所熟悉的类型。这些云服务对一般公众收费提供。一般是在使用量的基础上收取费用，使组织可以利用他们的运营预算而不是资本预算。客户没有必要维护或操作硬件/云基础设施，而完全把这个职责交给云计算运营商。

亚马逊 Web 服务(AWS)是目前最大的公有云，并且主导着这个行业。微软和 VMWare 也经营公有云，一些服务提供商同样如此。特别是 Rackspace，其提供了一个基于 OpenStack 的公有云，并且是 OpenStack 项目的主要贡献者之一。

另一方面，私有云位于组织内部。它们代表了传统企业数据中心的演变。只有企业内部客户或者亲密合作伙伴使用私有云。企业 IT 部门或承包商将购买、安装和维护私有云的硬件和软件。云基础设施可以对业务单元收费来分摊成本，但是云自身仍然专用于单个企业。

组织机构经营私有云的原因有很多。一个运行良好的私有云的成本可能少于利用公有云。此外，许多行业由于安全或监管的原因，很多工作负载不允许使用公有云。这些组织需要在私有云中运行这些工作负载。公有云、私有云和混合云的结构如图 1-2 所示。

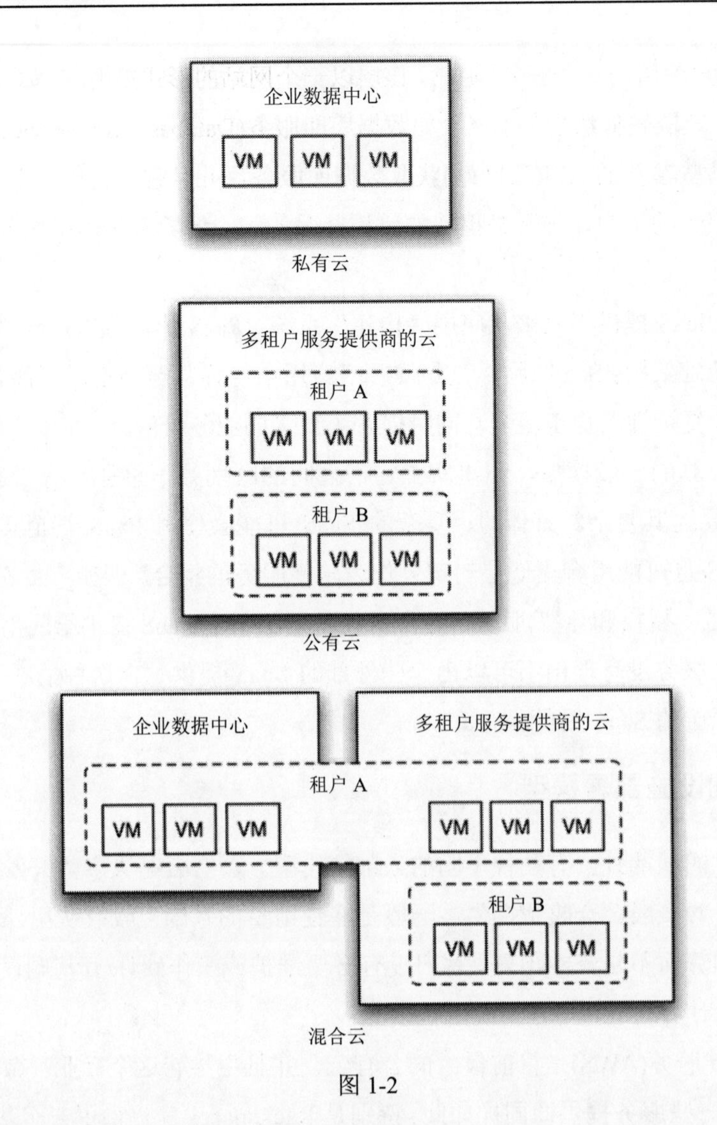

图 1-2

混合云结合了私有云和公有云，其目标是通过在私有云上运行大部分工作负载，并在需要时将溢出部分运行在公有云上，以此来保持低水平的总体运营成本。溢出可能由于容量的原因而产生——也许是在节日期间私有云没有足够的容量或者进行灾难恢复。这种模式避开了私有云的容量限制，同时仍然保持成本控制。

1.2 我关注 OpenStack 的原因

作为一名应用开发者或架构师，你可能会奇怪——为什么所有这些方面跟我有关系？目前涉及的所有讨论都集中在业务可能想要转移到云上的原因。但这为什么会影响到应用开发者？答案在于几个不同方面：对开发过程的影响，以及对应用架构的影响。

云服务使得开发、测试和生产环境的管理过程更加高效。这些现代化的过程和方法代表了“DevOps”思想——将标准软件开发实践适用于应用的运作方面，这些实践包括源代码版本控制。这意味着在脚本和模板中捕获所有的配置和部署信息，就像在应用代码中一样控制它们的变化。

可以构建脚本和模板，使之生成一个完整的应用环境。这些不仅可以用于应用的自动化部署，而且还可以自动化部署应用所需的基础设施，包括虚拟机、网络、防火墙、负载均衡器和域名服务(应有尽有)——有人正致力于使它作为服务(“as-a-Service”)提供。通过自动化创建和销毁这些环境，可以保证开发、测试和生产环境的一致性。对于在不同计算机上运行很多不同服务的复杂应用，这可以节约大量的时间。

OpenStack，特别是从“作为服务”考虑，将彻底改变软件和应用的部署架构。通过将常见和常规的操作移交给云基础设施，你可以将时间和想法集中在最重要的事情上——应用的功能。例如，允许上传大文件的传统应用需要为这些文件指定临时和永久的存储路径，并且需要管理存储资源以确保磁盘不会填满。系统管理员或部署人员需要制定一个数据备份策略，或将数据复制到其他的数据中心。但使用正确的云平台，你就可以简单地将该功能委托给基础设施，并且无须投入特别的努力就能得到所有的优势。

使用云计算服务设计应用也大大简化了应用的扩展。个别服务的扩展成为云计算运营商而非应用开发者或管理员的职责。只要应用有效地使用这些服务，它就将按需扩展，而开发者自身很少或几乎不需要做任何工作。

能够利用“作为服务”功能是设计将要转向的一种方式。另一种方式是横向扩展而非垂直扩展。也就是说，增加更多计算机扩展(横向的)，而不是创造更大的计算机(垂直的)。对于当前的大多数应用，最简单的扩展方式是使用更大更快的计算机。这会将你限定到规划每个单独应用的峰值容量。对于每个应用，你需要提供峰值负载所需的最高性能的计算机。但是随着云应用的建立，可以通过增加更多计算机来扩展应用。这些计算机可以较小，并且通过云自动化可以添加、删除或按需调整。这种按需扩展和缩减的能力称为弹性伸缩，是云计算的主要特点之一。

一个经常使用的比喻是传统的服务器就像是“宠物”，而基于云的服务器是“牛”。这表明传统应用架构师有必要转变心态。具体理念是说，宠物是唯一的和特殊的，拥有独一无二的名称。花费很多资源培养和养育一个宠物，如果它生病了，需要慢慢调养。而另一方面，牛不需要特殊对待或小心养育。它们被集体对待——给予编号而非名称——生病的个体将被剔除以阻止疾病在集群中传播。

这里的含义是，基于云的服务器可以自由使用、轻松重新部署，并且不需要仔细地手动配置。这样，如果其中一台服务器发生问题，不需要花费时间尝试弄清楚并修复它——只需要简单地用新的服务器来替换它。这是弹性伸缩能力的逻辑扩展。为什么要花时间弄清楚一台表现不好的计算机出了什么问题？当调试错误时，只需要把它从应用中取出并用一台新的计算机替换(不是要修理这台计算机，而是防止将来的问题)。

1.2.1　OpenStack 简介

OpenStack 将自己定位为“云计算操作系统”。从根本上说，它解决了 IaaS 的问题。它提供了将物理计算、存储和网络资源抽象为池的能力。这些资源可以在用户中以安全的方式分配。用户只需要对他们正在使用的资源付费，而不是为他们的应用提供峰值负载。

OpenStack 是一个开源软件项目的集合，由 OpenStack 基金会(一个非营利性组织)提供支持。这些项目共同工作以提供一致的 API 层，同时使得实际服务由各种不同的供应商或开放源码实现提供。其核心是，这些服务包含运行一个云所需要的功能，即启动虚拟机的能力，在这些计算机中分配、管理和分享存储的能力，以及使这些计算机在网络上安全通信的能力。

跟踪发布

OpenStack 每 6 个月发布一个正式版本。为了更简单地跟踪所有这些版本，它们都以字母顺序命名。下面是每一版本的名称及发布日期，一直到 Liberty 版本:

- Austin: 2010 年 10 月
- Bexar: 2011 年 2 月
- Cactus: 2011 年 4 月
- Diablo: 2011 年 9 月
- Essex: 2012 年 4 月
- Folsom: 2012 年 9 月
- Grizzly: 2013 年 4 月
- Havana: 2013 年 10 月
- Icehouse: 2014 年 4 月
- Juno: 2014 年 10 月
- Kilo: 2015 年 4 月
- Liberty: 2015 年 10 月

除了版本的名称，每个版本都通过年份以及该年份中发布的版本标识—— <年>.<版本>.<补丁>。例如，Kilo 作为 2015 年发布的第一个版本也称为 2015.1。Kilo 的补丁版本是 2015.1.1 和 2015.1.2 等。2015 年的第二个重大发布版本是 Liberty，也称为 2015.2。

所有这些服务都可以通过 RESTful API 访问，也可以通过命令行接口和称为 Horizon 的 Web 用户界面访问。Horizon 可便于临时进行一些设置，但是不提供 API 的完整功能。当然，API 和 CLI 工具可以轻松地脚本化(见图 1-3)。

图 1-3

表 1-1 显示了 OpenStack 提供的主要服务，包括它们的名称。OpenStack 社区成员经常会以名称提及每个服务，因此，在一个地方查看所有的服务并了解其用途是很有帮助的。事实上，还有更多的服务，但你会发现下面这些是最常见的服务。

表 1-1

名　称	服　务	描　述
Horizon	仪表板	用于管理云的图形化用户界面
Keystone	身份识别	认证、授权和 OpenStack 服务信息
Nova	计算	建立、管理和终止虚拟机
Cinder	块存储	磁盘卷(比实例更持久)和实例快照
Swift	对象存储	共享的、复制的和冗余的存储，用于存储图片、文件和其他可通过超文本传输协议(Hypertext Transfer Protocol，HTTP)访问的媒体文件
Neutron	网络	提供安全的租户网络
Glance	镜像	提供虚拟机镜像和快照的存储与访问
Heat	编排	通过模板编排计算机、网络和其他资源组
Designate	DNS	创建域并在 DNS 基础设施中记录
Ceilometer	计量	监控整个云的资源使用情况
Trove	数据库	提供私有租户数据库的访问
Ironic	裸机	在物理硬件上启动实例
Magnum	容器	在实例中管理容器
Murano	应用	在多个实例上部署打包应用
Sahara	数据处理集群	将 Hadoop 或 Spark 集群作为服务提供

OpenStack 的默认安装将包含每个服务的“参考”版本。例如，默认情况下，OpenStack 云会使用 KVM(Kernel-based Virtual Machine，基于内核的虚拟机)管理程序来管理虚拟机。然而，OpenStack 架构最重要的一个方面是驱动程序或每个服务基于插件的性质。有了这个设计，除了参考方式以外，就可以使用另一种实现。在云中，可以用 ESXi、Xen 或其他管理程序替换 KVM。不管底层是什么管理程序，用于启动和管理虚拟机的 API 都保持不变。同样的概念贯穿于所有的 OpenStack 服务，不同的服务实现拥有相同的 API。

在后台提供这种程度的灵活性，同时提供一致性的 API，是 OpenStack 成功的关键因素之一。用户可以在 OpenStack 之上建立他们的应用并且自动化，而不必担心把自身限定于计算机、网络和存储的单个后端供应商。即便他们换掉后端，API 也不会改变。

OpenStack 在企业私有云中经常被使用，但也有一些基于它的公有云服务。还有一些公司将在他们的数据中心中创建和运营一个私有云。在这种情况下，硬件不与其他的客户共享，因此你拥有私有云的可预测性和安全性，但是不需要寻找和雇佣专家来维护它。

即使在私有云环境中，OpenStack 也是一个多租户云平台。这意味着多个用户或用户组(租户)可以利用云的物理资源，同时保持他们所有的虚拟资源私有化。对于租户，OpenStack 环境在很大程度上看起来好像是他们的，且仅属于他们。但是对于运营商，底层的物理资源和软件系统是共享的。在 OpenStack 中，租户有时候也称为项目。

在一个多租户的 OpenStack 云中，对于各类可以使用的资源，每个租户都分配有额度。该额度为租户提供了特定资源的最大限制。你会有 CPU、内存、存储、网络、子网、浮动 IP 地址以及其他资源的额度。这将防止任何单一租户消耗掉所有的资源。

1.2.2　选择 OpenStack 的理由

云计算管理平台有很多的选择。最具明显优势的平台是 VMWare 以及它们的软件套件 vRealize。因此，为什么要花时间去学习 OpenStack 而不是 vRealize、AWS、Azure、CloudStack 或任何其他的解决方案？

大约 15 年前，IT 专业人士面临一组非常相似的关于 Linux 和专有 UNIX 系统的问题。Solaris、HP-UX、AIX 和它们的竞争对手是可靠的、众所周知的并广泛部署的产品，而 Linux 是一个研究生的项目，伴随着驱动程序和其他兼容性问题，其很难安装和操作，并且相当不成熟。在当时，人们一点都不清楚花费精力去学习和理解 Linux 是否值得。然而历史证明这样一个选择将是正确的。所有这些昂贵的、专有的 UNIX 实现失去了它们的价值主张——它们不再是独一无二的。Linux 持续发展并且占据了这些系统曾经主导的大部分环境。

这不只是一个简单的类比。在这个行业中存在残酷的压力，就是降低成本和提高功能交付速度——更多、更快和更便宜地交付。能够实现“更多、更快”的方法就是标准化。这与在程序设计中构建库和框架是同一基本原则。一个标准的架构以一种可预见的方式提供可以依赖并在其上构建应用的核心服务。你不需要一遍又一遍地重复架构的开发过程，而是专注于新的功能。

达到“更廉价”的方法是使这些标准开放和免费。开放和标准的结合导致商品化

(commoditization)——不管是哪个制造商或供应商，可互换组件在开发本质上都是相同的。商品意味着大量的竞争，很少或没有产品差异会用来收取额外的费用。这大大降低了成本。

在类 UNIX 的操作系统中，Linux 同时拥有开放和标准的特点，这就是它获胜的原因。不是因为它更好，而是因为它作为构建新功能的基础使用起来更廉价和更快速。Linux 当然只是一个例子。在科技行业中，这个故事重复了一遍又一遍。关于机器架构，我们有 X86 平台，以及用于内存、磁盘和串行总线外设的标准架构。

事实上，如果从更广泛的视角来看，可以看到商品化持续不断地提升价值链。它开始于硬件，之后是操作系统，最近甚至复杂的数据库和分布式系统组件也正在被商品化。在数据库领域，我们过去曾有 Informix、DB2、Oracle、Sybase 及其他软件。但是 MySQL 和 PostgresSQL 是开放和标准的，并且它们已经完全占据了低端数据库市场。Oracle 仍然引领高端市场并能够在更加专业化的环境中提供价值，但是随着开源产品的发展，专有供应商的空间将受到压缩。

在某种程度上，云计算是这个行业中商品化进程的高潮。广泛来说，可以把计算机行业中发生的这种变革看作该行业在计算核心功能上的调整。计算基础设施抽象化为简单的计算、存储和网络组件，并且打破垂直整合到横向整合是真正变革性的行为。它带来了行业基础要素的全面商品化。

云平台管理系统将遵循同样的模式。诸如 vRealize 之类的专有平台会繁荣一段时间，但从长远来看开放和标准的系统将获胜。虽然在更加专业化的环境中，专有解决方案可能永远会有一席之地，但最常见的平台将会是开源的。可以看到这种情况已经发生：Zenoss 2014 开源云状态调查(http://www.zenoss.com/resource-center/white-papers)发现 30%的受访者已经在使用开源云，比 2012 年的 17.2%上升了 72%。另外 34%的受访者计划在未来实现开源云。理解这一点有助于你专注于最终的赢家，而不是追逐最终将没落的一方。

有若干个开放、标准的云管理平台。如果开放和标准是注定要走的路，为什么应该投注在 OpenStack 上？答案很简单——势头。OpenStack 是目前最广泛使用和支持的开源云管理平台，并且拥有最大的开发者和厂商社区来推动其向前发展。上面提到的同一个调查发现 2014 年有 69%的开源云受访者使用 OpenStack，比 2012 年的 51%有所上升。在这些考虑开源云部署的受访者中，计划采用 OpenStack 的比例达到惊人的 86%。

OpenStack 开发者和用户社区也大幅增长。OpenStack 基金会 2014 年度报告(https://www.openstack.org/assets/reports/osf-annualreport-2014.pdf)给这种增长提供了详细的说明。2013 年，最好的季度月平均活跃开发者数有 391 个——2014 年这个数字为 569，上涨了 45%。来自 HP、Cisco、Red Hat、IBM、Dell、Mirantis、Rackspace 和许多其他厂商的大量投资推动了这股热潮。用户、开发者和其他有关各方在数量上难以置信的增长可以从每年两次的 OpenStack 峰会出席人数上看出，见图 1-4(来源：openstack.org)。

显然，OpenStack 有成功的势头。

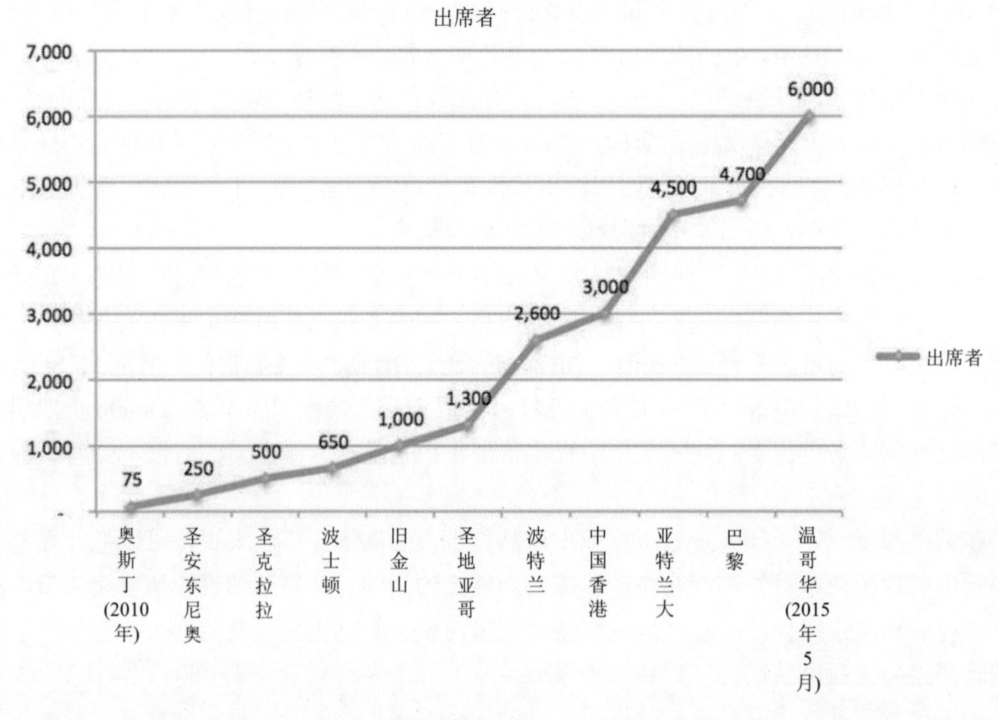

图 1-4

1.3 了解 OpenStack 架构

OpenStack 建立在松散耦合的架构上。每个组件独立构建并运行自身的服务。这些服务可能分布在一些不同的计算机上，承担着不同的角色。通过增加特定角色的计算机数量，就能够扩充该功能的服务规模。它同样支持冗余，一种高可用的部署方式将针对每种类型包含多台计算机节点。

1.3.1 软件架构

独立组件之间通过定义良好的应用编程接口(Application Programming Interfaces，API)进行交互——通常基于 REST(REpresentational State Transfer)协议，某些情况下使用远程过程调用(Remote Procedure Calls，RPC)或消息总线通知。一般情况下，这些服务会使用关系型数据库保存数据——常见的是 MySQL 和 PostgreSQL。消息总线和数据库可以跨服务共享，但是这些服务之间的交互仍然有清晰的划定。这使得不同的服务只要在 API 中提供向后兼容性，就可以独立地升级和更新。

每一个主要的服务——计算(Nova)、网络(Neutron)、块存储(Cinder)等，都包含几个内部过程和组件。一般来说，它们都拥有一个 API 服务来提供基于 HTTP 的 RESTful API。该 API 服务会通过消息总线和其他组件进行通信。

Horizon 服务是一个基于 Web 的 UI，它和多个服务进行交互。类似地，命令行工具也可以与每个服务进行交互。这些工具是可选的；如果愿意，可以直接在服务的 API 上建立自己的接口。Horizon 和官方的 CLI 客户端没有任何特殊的访问方式，它们都使用相同的 API。每一个客户端只需要被告知 Keystone(身份认证服务)的位置。Keystone 服务包含了 OpenStack 平台上所有可用的服务和 API 端点的目录(见图 1-5)。

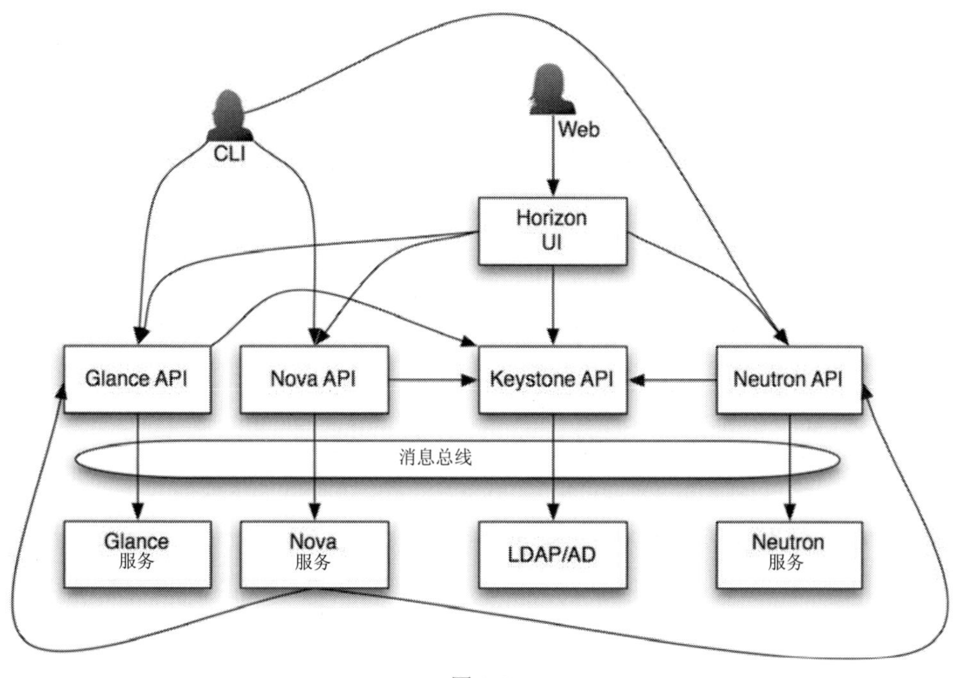

图 1-5

在图 1-5 中，可看到关于服务之间如何交互的简要描述。每个服务都有一个 API 组件，它通过 HTTPS 与 Keystone API 进行通信来提供认证和授权信息。每个 API 组件利用消息总线与该服务中的其他几个流程(在图 1-5 中称为“服务”)进行通信。在需要时，这些下游的服务流程将调用其他服务的 API。例如，Nova 会调用 Neutron API 来获取特定网络上的端口。

1.3.2　部署架构

OpenStack 所有不同的功能模块是如何部署到硬件上的呢？这实际上相当灵活。对于开发或者只是实验，甚至可以在一台计算机上运行所有的模块。然而，一种更典型的部署将由几个控制器节点(出于高可用性的目的)组成，另外还包含网络节点、计算节点和存储节点。

每个高级服务(计算、网络、存储和其他)都由多个守护进程(后台进程)组成。这些守护进程分散在各种不同类型的节点上。也就是说，不在单个节点上运行单个服务，而是将每个服务分散在不同类型的节点上。

例如，所有的服务都共享数据库和消息传递组件(通常分别是 MySQL 和 RabbitMQ)。可以在单独的集群上运行这些模块，每个集群分散在不同的故障域上。此外，在一个物理负载均衡器的后方，可以有几个提供 API 端点的物理节点。Nova 和 Neutron 的不同守护进程将分布在网络和计算节点中。图 1-6 展示了这种布局的简化图形。

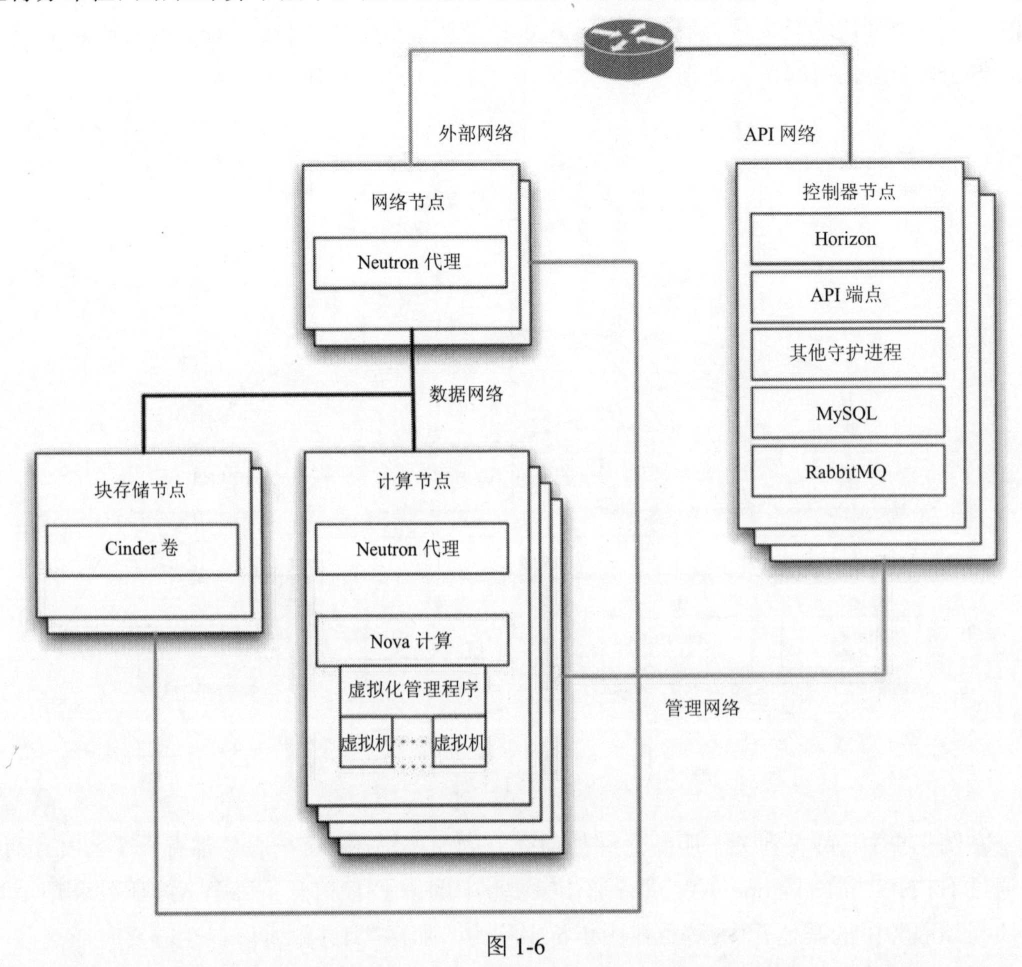

图 1-6

注意图 1-6 中不同类型的节点。计算节点运行虚拟化管理程序和实际的虚拟机实例，并且为这些实例提供临时性存储。它也运行 Neutron 网络代理来管理虚拟机之间的连通性(称为“东西流量”)。

网络节点通常提供虚拟机和云外部之间的连通性(称为“南北流量”)，以及高级的网络服务，例如负载均衡和 VPN 访问。根据管理员和用户的选择，可能由网络节点上的代理提供网络路由服务，也可能直接由计算节点上的代理提供，或者两者兼有。

块存储节点为虚拟机实例提供数据卷服务——也就是说，它们提供可与实例挂接和分离的磁盘卷的持久性存储访问。提供对象存储的云也有单独的集群用于此方面。对象存储为图像、文件和其他媒体文件提供共享的、复制的和冗余的存储，并且可以通过 HTTP 访问。

所有这些节点通过各种隔离的网络连接。每个节点都可以通过管理网络访问，管理网络用于 OpenStack 不同部分之间的通信。所有的消息总线、数据库和跨项目 API 之间的流量都通过管理网络。数据网络连接所有的计算节点、网络节点和块存储节点。内部云租户的流量都通过数据网络，而外部网络提供了对云外部的访问。由于计算节点只与云内其他节点通信而不与外界通信，因此它不需要连接外部网络，而只需要访问数据网络。只有网络节点需要连接外部网络。最后，有些安装方式会使用 API 网络，它与租户使用的外部网络相分离，提供了外部世界和 OpenStack 端点(API 和 Horizon)之间的访问。

1.3.3 优缺点

这种架构提供了很高的灵活性。通过云运营商部署额外的节点来扩展基础设施能够实现可扩展性。它也能够创建高可用的服务，因为可以拆分每个服务并跨故障域冗余部署。然而，该架构是非常复杂的，并且很难建立和维护。

作为云的用户，云对你来说是透明的。但是一个正常运行的云只有建立足够的冗余度，OpenStack 基础设施才能拥有高可用性。

这种架构的另一个实质性好处是避免厂商锁定。每个服务提供一个插件或基于驱动程序的架构。这使得每个服务可以与任意数量的供应商平台合作来提供实际服务。对于计算，可以使用默认的 KVM 管理程序、ESXi、Xen 或很多其他管理程序之一。网络服务默认使用 Open vSwitch 来提供第 2 层(数据链路层或 MAC 地址层)连接，以及 Linux 网络协议栈(IP 表、路由和命名空间)来实现第 3 层(IP 层)功能。然而，有超过 20 个不同的厂商插件可替换全部或部分默认实现。事实上，这些厂商的实现可以在同一个云上同一时间使用。

通过避免厂商锁定，OpenStack 使厂商之间的竞争更加激烈，这推动了市场价格的下跌。同时使用多个厂商的能力使得从一个厂商过渡到另一个厂商更加切实可行，并且允许选择厂商来解决特定的应用案例。

引入到 OpenStack Kilo 发行版本的一个有趣特征是联合身份。此特征采用了 OpenStack 的分布式特性并允许其跨越多个云(甚至来自于多个供应商)。两家云供应商可以建立一种信任关系，使得一家供应商的用户可以和另一家值得信赖的供应商使用相同的凭证。这样用于单个云的工作量管理工具理论上可以用来管理跨多个云的工作量。对于容量突发的应用案例，这是一个强大的功能。

1.3.4 OpenStack 版本

随着架构变得复杂，一些公司已经介入以帮助私有云上 OpenStack 的安装和管理。这些公司包含 Linux 发行世界里熟悉的名称，诸如 Red Hat、SUSE 和 Canonical(Ubuntu)，以及只专注于 OpenStack 的新成员，如 Mirantis。

行业整合

事实上，OpenStack 行业已经在 2014 和 2015 年出现了很大的整合。一些纯粹的 OpenStack 公司已经被更大的公司吞并。

一些大型集成商和企业软件厂商也加入 OpenStack 发行这一竞争行列，像 IBM、HP

和 Oracle 都加入了这场角逐。

如果你还没有一个可用的 OpenStack 云，或者关于这个架构你想了解更多，并且想要知道各个部分是如何拼凑在一起的，那么可以建立自己的 OpenStack 环境。可以使用这些发行版本中的其中之一来建立自己的小规模云。每个发行商提供他们自己的 OpenStack 安装工具。他们主要针对生产环境，这样自己起步会非常困难。例如，Canonical 提供的版本要求至少 7 个物理节点才能建立环境。

如果打算建立小型环境，最好的选择可能是 Red Hat 开源版本(对应他们运行在 Red Hat Linux 企业版上的支持版本)，称为 RDO(www.rdoproject.org)。这个版本的好处是它提供了一个简单的“一体化”选择来在单个节点上部署整个环境。

如果想修改 OpenStack 各种服务的现有代码，也可以建立一个 devstack 环境。devstack(www.devstack.org)是一套功能强大的用来创建和配置 OpenStack 开发环境的脚本。

虽然网上详细的使用说明非常好，但为了使 devstack 顺利安装，这里有一些提示。你需要一个全新的 Ubuntu(http://www.ubuntu.com)或 Fedora(www.fedoraproject.org)安装。不要尝试在常规计算机上运行 devstack——你需要一台专用的计算机(虚拟的或物理的)。如果你的笔记本电脑或台式机上有一个像 VMware Workstation、Fusion 或免费的 VirtualBox 之类的虚拟化产品，最好是创建一个所选操作系统的基础服务器安装(启用所有额外的库)，然后建立快照。如果废弃了该环境，将可心很容易重新开始。

使用说明会指导你创建一个 local.conf 文件，devstack 脚本会使用这个文件获取安装中的所有详情。你需要在 local.conf 中设置的只有几项：

```
[[local|localrc]]
ADMIN_PASSWORD=stack
DATABASE_PASSWORD=$ADMIN_PASSWORD
RABBIT_PASSWORD=$ADMIN_PASSWORD
SERVICE_PASSWORD=$ADMIN_PASSWORD
SERVICE_TOKEN=some-random-string
FIXED_RANGE=10.0.0.0/24
FLOATING_RANGE=192.168.20.0/25
PUBLIC_NETWORK_GATEWAY=192.168.20.1

LOGFILE=/opt/stack/logs/stack.log

disable_service n-net
enable_service neutron q-svc q-agt q-dhcp q-l3 q-meta
```

代码的第一部分设置网络。你应该选择一个不与已有网络重叠的 FIXED_RANGE。FLOATING_RANGE 可对应于网络上已有的未使用子网，PUBLIC_NETWORK_GATEWAY 是子网上的本地默认网关。

如果 devstack 无法正常运行，LOGFILE 设置仅能帮助你调试，而该文件的其余部分禁用 Nova 网络并开启 Neutron 网络。

你需要访问 devstack 或另一个 OpenStack 实例来练习本书中的例子。

获取 OpenStack CLI 客户端

为了跟随示例学习，你需要访问一台装有 OpenStack 客户端的计算机。可以在 http://docs.openstack.org/cli-reference/content/上了解如何安装客户端，它包含各种操作系统的使用说明。本书中的示例将使用 Linux。

使用这些客户端的最简单方式是在环境变量中设置必要的认证信息：

```
$ export OS_USERNAME=username OS_PASSWORD=password ↵
  OS_TENANT_NAME=tenant-name
$ export OS_AUTH_URL=http://keystone-ip:keystone-port/v2.0
```

这使得你可以调用客户端而无须传递这些参数：

```
$ openstack flavor list
+----+-----------+-------+------+-----------+-------+-----------+
| ID | Name      |   RAM | Disk | Ephemeral | VCPUs | Is Public |
+----+-----------+-------+------+-----------+-------+-----------+
| 1  | m1.tiny   |   512 |    1 |         0 |     1 | True      |
| 2  | m1.small  |  2048 |   20 |         0 |     1 | True      |
| 3  | m1.medium |  4096 |   40 |         0 |     2 | True      |
| 4  | m1.large  |  8192 |   80 |         0 |     4 | True      |
| 42 | m1.nano   |    64 |    0 |         0 |     1 | True      |
| 5  | m1.xlarge | 16384 |  160 |         0 |     8 | True      |
| 84 | m1.micro  |   128 |    0 |         0 |     1 | True      |
+----+-----------+-------+------+-----------+-------+-----------+
```

如果服务端点使用 HTTPS，需要修改 OS_AUTH_URL 来反映这一点。如果使用自签名的证书，还需要传入-insecure 参数。

1.4　小结

在本章中，你了解了各种云计算类型——Iaas、PaaS 和 SaaS——以及它们如何彼此关联。OpenStack 在云中实现了 IaaS，也许将来会涵盖 PaaS 功能。更重要的是，你了解了降低成本以及交付更多功能、变得更加快速是云计算变革背后的驱动力。你了解了 OpenStack 的主要组件——Nova、Neutron、Glance 和 Keystone，以及如何建立 OpenStack 实验环境。

第 2 章

了解 OpenStack 生态系统：核心项目

本章内容

- OpenStack 的不同组件如何协作，以及在基础设施中认证如何工作
- 计算实例的组成以及 OpenStack 所支持的不同虚拟机管理程序
- 数据如何存储在基础设施中，了解块存储(Block Storage)和对象存储(Object Storage)的区别
- 如何创建实例模板和快照以及它们存储在何处
- 管理 OpenStack 资源的不同方法：GUI、CLI 和 API
- OpenStack 中如何设计网络以及通过 API 公开的不同可用网络组件

到目前为止，你已经了解云计算为何对应用开发者很重要，并对 OpenStack 有了大致的认识。在本章，你将更详细地了解核心服务。这些是运行应用最关键的服务——计算、网络和存储。你还将了解使这些行为成为可能的管理服务，如身份服务，它允许进行身份认证以创建应用。

有时，相比运行一个应用，本章中的描述可能有更多的细节。但是，你可以把这些功能看作工具和构建块。对可能的事情有一个扎实的理解，才能发现新的方法来建立灵活的、可扩展的和健壮的应用(见图 2-1)。

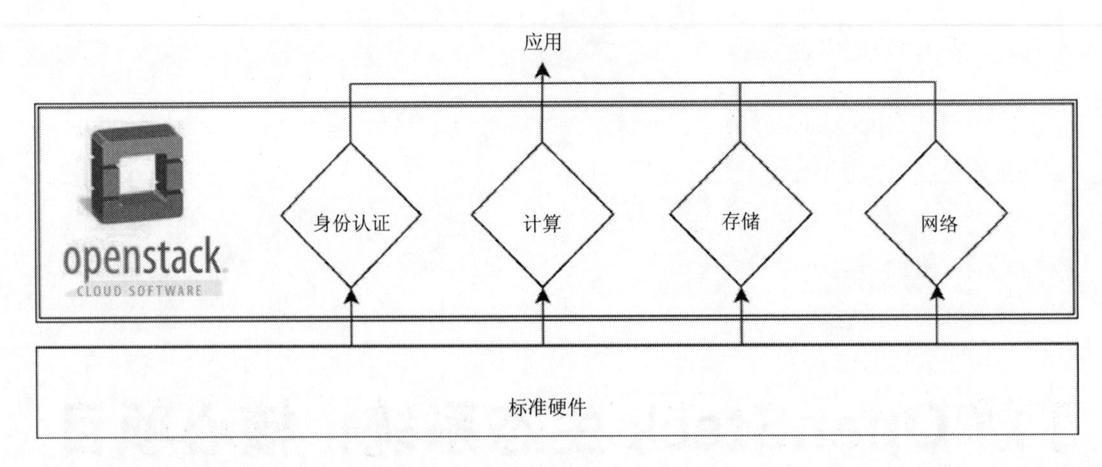

图 2-1

2.1　身份认证

OpenStack 中的身份认证服务称为 Keystone，其负责认证、授权和计费(AAA，“authentication，authorization and accounting”的英文简写)，目前实现并提供 OpenStack Identity API。

身份认证服务的主要目标是处理和验证认证与授权请求，然后返回一个“认证令牌(authentication token)”，用于向 API 认证用户，并且可以联系 OpenStack 基础设施中其他的服务。使用认证响应中返回的目录可以发现这些服务(本章稍后会详细说明)。

Keysone 目前实现 Identity API 的两个版本(第 2 版和第 3 版)。第二版已经使用多年，并且现在仍然在支持 OpenStack 的不同库和客户端中广泛使用。第三版是最近的版本，它提供了一个插入式的更灵活设计，允许使用多种认证机制(有原始的“密码”方式，但此外还有熟知和使用的机制，例如 OAuth 或 SAML2)，并且能够将这些方法结合在一个请求中。

最新版本的 API 有一个多租户(multi-tenant)的设计并拥有一些简单的资源：

- 区域：一个 OpenStack 基础设施，可拥有子区域(sub-region)。
- 服务端点：一个在 Keystone 中注册的 OpenStack 服务，可以有零个、一个或多个访问端点(例如，公共、内部、管理端点)。
- 域：用户、组和项目的容器。
- 项目(在第 2 版 API 中称为“租户”)：拥有一套 OpenStack 资源。
- 用户：API 使用者，在应用中应该拥有有限的授权。
- 组：同一个域中不同用户的集合。
- 角色：一个用户或一个用户组可以在项目或域上进行操作的权限。

所有这些资源可使用 Identity Admin API 进行管理，它是一个可以新建、读取、更新和删除(CRUD)的 RESTful API。

2.1.1　使用令牌和重认证

面向不同 OpenStack 服务的认证基于令牌，该令牌由身份认证服务(Keystone)提供，或者在服务自身中配置(例如，管理令牌)。

身份认证服务提供的令牌是一个任意字符串，包含 User 身份和一个称为作用域的可选授权范围。附加到这个令牌的授权针对某个 Project 或 Domain 授予访问权限，允许你访问该项目或域的相关资源。

使用带有用户身份和所需授权范围的 POST /auth/tokens 方法调用 Identity API，可以简单地创建一个令牌：

```
{
    "auth": {
        "identity": { ... },
        "scope": { ... }
    }
}
```

1. 令牌身份认证

当请求一个新的令牌时，identity 参数将包含所使用的认证机制。下面是一个使用 password 的例子。这里使用了用户的唯一标识符，然而如果显式指定域，也可以使用用户名。

```
{
    "auth": {
        "identity": {
            "methods": [
                "password"
            ],
            "password": {
                "user": {
                    "id": "042042",
                    "password": "secret-password"
                }
            }
        }
    }
}
```

2. 作用域令牌和非作用域令牌

如果在请求中指定授权作用域，则 auth 中的 scope 参数必须包含项目或域标识符。

```
{
    "auth": {
        "scope": {
            "project": {
                "id": "123456"
            }
        }
    }
}
```

如果在令牌创建请求中提供了作用域，Identity API 将返回一个包含不同 OpenStack 服务的目录，借助令牌和授予该用户的角色，用户可以使用这些服务。

```
X-Subject-Token: ff00ff84
{
    "token": {
        "catalog": [
            {
                "endpoints": [
                    {
                        "id": "c3ac301342a381b895743659d0956de1",
                        "interface": "public",
                        "region": "RegionOne",
                        "url": "http://my.identity.service:5000"
                    }
                ],
                "id": " 9192d6fb0f120a188133cb569b8db832",
                "type": "identity",
                "name": "keystone"
            }
        ],
        "expires_at": "2015-07-14T13:37:00.000000Z",
        "issued_at": "2015-07-15T13:37:00.000000Z",
        "methods": [
            "password"
        ],
```

```
        "user": {
            "id": "042042"
        }
    }
}
```

如果在令牌创建请求中未指定作用域，Identity API 将返回一个非作用域令牌，它可以在下一次 Identity API 请求中用于验证用户。例如，使用令牌认证机制创建一个作用域令牌。

一个指定作用域的令牌可以使用令牌认证机制被重新指定一个更小的作用域，例如，为应用子组件提供有限授权的令牌时，或当另一个 API 客户端不需要原始令牌的完整操作授权时，这将会非常有用。

3. 使用认证令牌

所获取的认证令牌可以作为一个 X-Auth-Token HTTP 头部，在对不同 REST API 的所有 HTTP 请求中传递。请求的 OpenStack 服务将检查这些令牌以确保它们的有效性(例如有效期、撤消等)，以及根据应用于该用户角色的服务策略，确定该令牌权限是否允许访问所请求的资源。

2.1.2　OpenStack 的各个部分如何相互通信

OpenStack 有一个模块化的架构，其中所有不同组件都是独立的服务，它们相互之间通过标准化的 REST API 进行通信(见图 2-2)。这一基本原则在 OpenStack 项目生命周期中是必需的，因为每一个组件由不同的人所领导的不同团队开发。所有 OpenStack 组件功能和更新都从一次 API 设计研讨开始。所有这些 API 都应该是简单、标准、可重用和可重复实现的，可以被任何想要使用它的开发者进行二次开发，通过实现 API 开放规范拥有自定义服务。此外，这些标准 REST API 使用消息传递队列在内部处理不同的行为和事件。

不同 OpenStack 服务之间处理的请求通过原始请求的令牌进行认证(参见上一节有关认证令牌生成的内容)，并且作为对终端服务的直接请求来检查它们的授权。

例如，当用户创建一个计算实例的快照时，计算服务发送一个对镜像服务的请求来存储这个快照。当创建这个请求时，原始认证令牌在这两个服务之间通过 REST API 请求传递。如果该镜像服务使用对象存储服务作为存储后端，这两个使用原始认证令牌的服务之间将会产生一个认证请求(见图 2-2)。

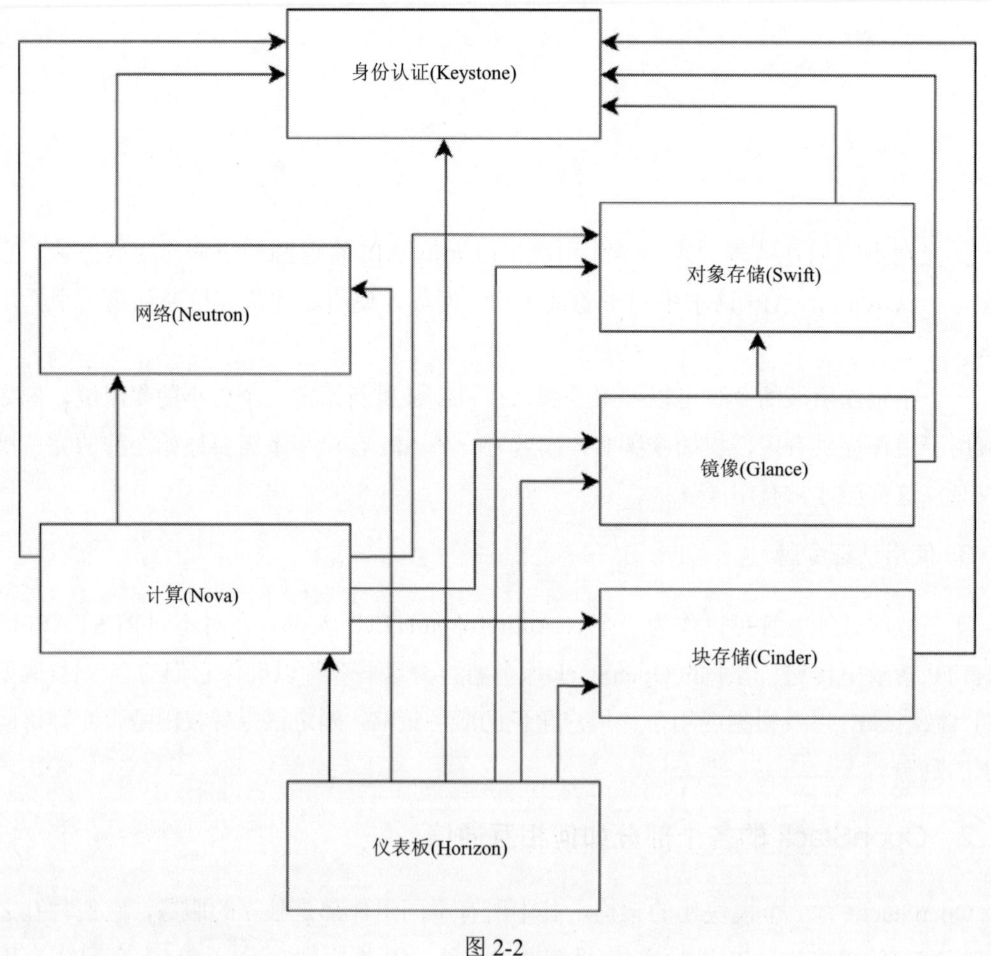

图 2-2

2.1.3 应用可否使用 Keystone

利用 OpenStack 创建应用时，Keystone 是必需的，它用来保证应用的不同服务或模块被合理地授权和构造。

我们以一个访客用户上传文档(例如图片)的应用为例。由此，我们需要一个转换和调整图片大小的服务。也需要使用 OpenStack 对象存储服务来存储图片(称为对象)。然后，还需要使用计算服务来自动化实例的提供和管理。我们出于安全的原因而不想要可公开访问的应用，所以还需要两个不同的角色或项目以及两个不同的用户来管理实例。

示例应用源代码

可以通过 GitHub 访问示例应用的源代码：https://github.com/johnbelamaric/openstack-appdev-book。

2.2　计算

OpenStack 中的计算项目称为 Nova，它包含所有的 API 和工具以大规模提供和管理跨多台物理主机的实例(物理计算节点上提供的虚拟机)。该项目提供了世界上主流虚拟机管理程序的一个抽象配置，允许你轻松地通过标准 API 配置虚拟机，并且独立于特定的虚拟机管理程序技术。

在本章中，你会发现组成 OpenStack 上一个实例的不同部分，如何管理实例模板(称为 flavor)，如何在计算基础设施上调度实例，以及该项目所支持的主要虚拟机管理程序(见图 2-3)。

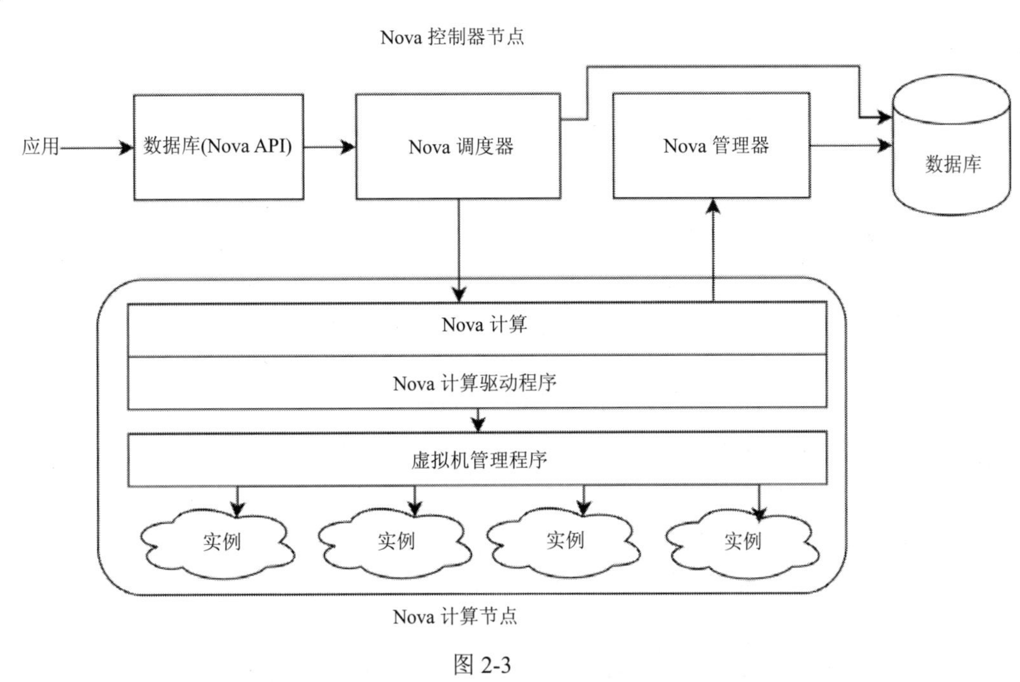

图 2-3

2.2.1　实例的各个部分

在 OpenStack 中，实例拥有虚拟机管理程序提供的虚拟服务器的传统组件。这些特征由计算服务中的 flavor 定义。

- 分配的一个或多个专用或虚拟 CPU(vCPU)
- 分配的一些内存(MEM)
- 根磁盘，可以是连接到主机服务器的任意设备(虚拟或非虚拟、本地、远程或分布式设备)

实例通常配置一个或多个网络。网络可以使用网络服务(Neutron)配置，网络设备可以通过主机上的 Nova 服务由 Network API 提供，并且通过虚拟机管理程序在实例中配置。

实例可以有附加的持久性块存储(即实例中的虚拟硬盘)，它由块存储服务提供和管理，并通过虚拟机管理程序附加到实例。

实例控制台(屏幕)可以使用 Nova 中的 VNC 服务查看，该服务好比物理服务器的物理键盘、视频显示和鼠标(KVM，“keyboard，video and mouse”的简写)。KVM 传统上用来与多台计算机共享这些设备(https://en.wikipedia.org/wiki/KVM_switch)。今天同样的术语用来描述对 OpenStack 实例输入/输出的虚拟访问。Nova 服务提出了一个不错的方法，以抽象化对所有主机图形界面和控制台的访问方式，而不考虑所使用的虚拟化技术和实例操作系统。访问实例界面有很多种协议，Nova 提供了一种统一的、透明的方式来访问它们。例如，该服务还可以为运行微软 Windows 系统的实例代理 RDP(Remote Desktop Protocol，远程桌面协议)。

2.2.2 了解 flavor

OpenStack 中的 flavor 表示一个实例的模板：虚拟机已分配资源的集合及其特性。在公有云服务中，跨多个项目或租户(客户)共享主机服务器，此时 flavor 好比商业报价，付费资源通过某个特定 flavor 的实例在一个月中的运行时间计算。这些信息使用 OpenStack 计量服务(Ceilometer，见 3.6 节)计算。

一个计算 flavor 包含以下资源细节：

- 唯一标识符的名称
- CPU 核心数(vCPU)和与多个实例共享时的权重
- 内存(RAM)和交换区大小
- 根磁盘和临时磁盘空间

flavor 可能包含额外的规范，用于在计算基础设施中调度实例期间进行决策，并且分配运行实例所需的资源(例如，所需的处理器架构、过量分配的资源和 PCI 设备等)。flavor 可以公开与一些特定的 OpenStack 项目关联。因为它可以和商业报价或计算实例模板关联起来，所以可以将一个特定的模板(或计算实例)限制到一个简单的项目，或者公开并且被 OpenStack 基础设施上的任何项目使用。例如，当为客户在共有云上启动一个新的处理器模板时，你可以创建专用的 flavor，允许它们使用这些新的物理服务器模型创建新的实例。

2.2.3 调度器

在 OpenStack 计算基础设施上配置实例时，Nova(尤其是其调度器)的一个任务是选择创建和放置实例的计算节点(物理主机)。图 2-4 是对调度器操作过程(过滤和加权)的概述。

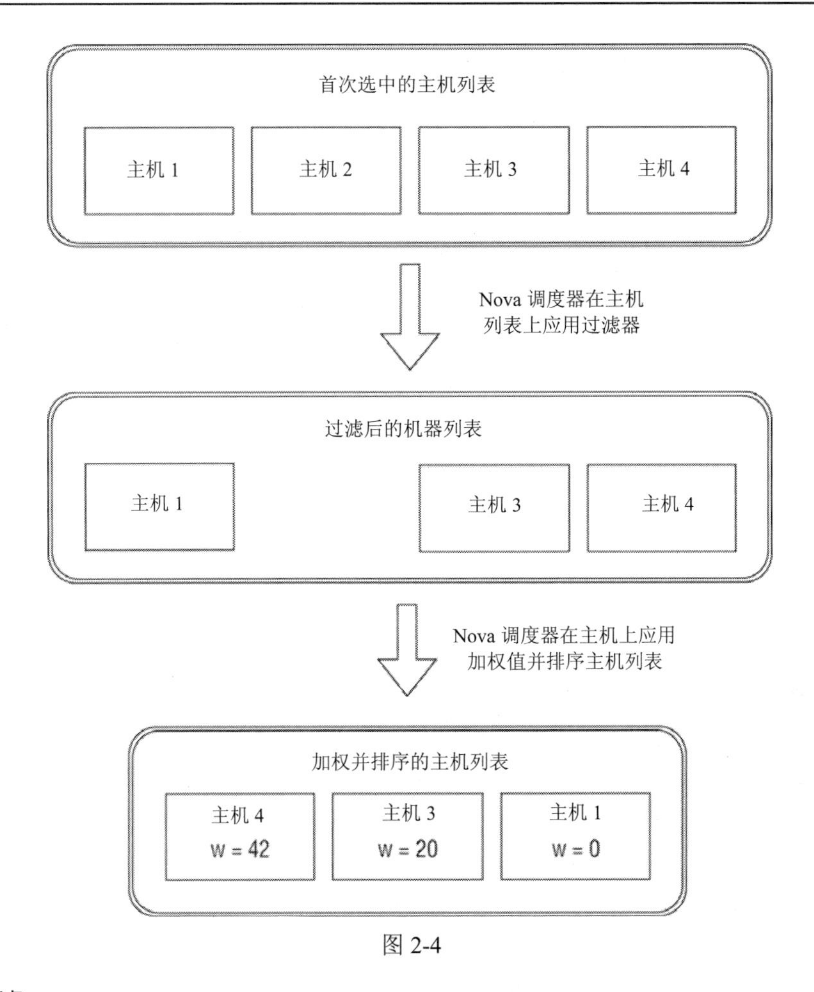

图 2-4

1. 过滤

这个任务的处理使用了一个简单的概念：计算调度器拿到一组可用节点，并把一组过滤器应用到该列表中，以消除那些不匹配所需配置的不同标准的主机(参考图 2-4)。

下面是一些调度过滤器的例子：

- 跳过满配的主机(没有可用的 CPU、内存或磁盘)
- 只匹配可用资源有具体数额的主机
- 与另一个实例使用相同的主机
- 使用某些物理主机且其上一些特定的 PCI 设备是可用的

物理主机可以添加到聚合组中，这些聚合组通常使用调度过滤器来匹配一个或多个特定的 flavor 或项目。下面有两个该特性常见的用例：

- 可以创建一个聚合组来为客户提供一些专用的主机和硬件。在一个专用的 flavor(对域、一个或多个项目私有)中使用额外的规范，当用户使用该特定的 flavor 创建实例时，调度器只会过滤该特定聚合组所包含的主机。
- 一些有特定硬件(如 SSD 硬盘、具体的 CPU 架构等)或分配规则(如专用资源、过量分配的资源)的主机可以放在一个聚合组或匹配的 flavor 中。其中主机可以和所有计算基础设施的项目(客户)共享，flavor 会作一个公开的商业报价，其中的主机可以在一些指定的地方共享。

2. 权重

一旦主机被过滤，调度器就会在主机或实例的每一个资源上应用一些权重，以选择分配和安装实例的最佳主机。例如，我们可以赋予一台几乎满配的物理服务器较高的权重，使其被新建实例填充，该实例完全匹配此物理主机预留和可分配资源的余量；或者相反，将较高权重设置到最少使用的服务器上，以得到目前负载最低的主机。

2.2.4　虚拟机管理程序的类型

虚拟机管理程序产品或项目的公司或贡献者通常是计算虚拟化驱动程序的主要贡献者。通过计算 API，可心方便地添加一个实现抽象计算服务一部分或全部功能的自定义驱动程序。

1. libvirt

Linux 中的 libvirt 是一个抽象库，用来访问和管理虚拟机和 Linux 服务器中的容器，以及网络和存储配置。它支持多种技术：KVM/QEMU、Xen、VirtualBox、VMware ESX、Hyper-V、OpenVZ 和 LXC 等。

这是 OpenStack 使用的默认驱动程序，也是 KVM/QEMU(基于内核的虚拟机/快速模拟器)虚拟化最受欢迎的管理接口。它的一个好处是可以管理虚拟机，而不管虚拟化技术是什么。但使用 libvirt 和它的 OpenStack 驱动程序有一些弱点，尤其是它主要针对 KVM/QEMU 设计，一些由其他虚拟化技术提供的特性可能会被这个抽象层隐藏起来。所幸其他虚拟化技术通过使用自己的 Nova 驱动程序可以直接得到支持。

2. VMware

在 OpenStack 中使用 VMware 可以享受到双方的技术优势：VMware 虚拟化功能和 OpenStack 的管理/标准 API。

Vmware 带来强大的虚拟化技术，可提供以下功能：

- 高可用性(HA，High Availability)：在虚拟机管理程序检测到问题时，能够在工作硬件上自动化重启实例。在 VMware 的市场化世界里，“HA”更多地称为“容错性”。
- 容错性(当主机宕机时，无须重启工作主机上的实例即可进行热迁移)。
- 分布式资源调度器(DRS，Distributed Resource Scheduler)，根据资源实时使用情况对运行实例进行智能调度。

关于存储，可以在 Cinder 和 Glance 中直接使用 Vmware 数据存储技术，这样就可以使用标准块存储 API 管理所有的存储块。

2.3　存储

对于使用本地文件系统存储应用中创建和使用的所有静态媒体(如图片、视频、音乐等)以及文件的应用开发者来说，对象存储(OpenStack 中称为 Swift)的概念会相当难以理解。但对于使用这些媒体文件的应用来说，这常常是其横向扩展的主要步骤之一。

传统的内容管理系统(CMS)和博客引擎是很好的例子，它们默认在本地存储所有通过 Web 应用上传的媒体文件。对于任何一个应用，向对象存储基础设施的过渡并不总是容易实现的。因为经常需要部分重写代码以支持这个新的存储系统。代码需要重写是因为应用需要改变访问文件(对象)的方式，例如在硬盘上访问本地文件与通过 REST API 访问对象是不同的。

切换到对象存储有以下好处：

- 不必担心总空间大小，这是基础设施提供商的工作，像 Swift 之类的对象存储服务可以轻松地横向扩展。
- 可以把对象拆分为多个小型块，对象的大小几乎不受限制。
- 在一个对象容器或桶中可以存储无限数量的对象。
- 对象的复制在基础设施层面完成；甚至可以跨多个基础设施区域。

当把应用从本地文件系统切换到对象存储服务时，有一些潜在的块设计和实现点，如下所示：

- 可以只使用 HTTP(S)访问对象，但当应用客户端已经使用 HTTP 协议时，这个开销会很大：可以提供对象的访问而无须在应用服务器中下载它。
- 对象存储不是文件系统，所以不应该像文件系统一样使用它。其中最糟糕的例子是在开发应用时，尝试匹配现有的文件系统层次结构。在很多情况下，层次逻辑应该在应用这一端，对象存储应该只包含对象数据(blobs)。这种不良使用的最显著例子是在 OpenStack Swift 中重命名(移动)对象。因为存储基础设施上的对象分派基于对象名称的哈希值，对象将会在两台服务器之间复制并从源服务器中删除。此外，重命名虚拟目录(实际上是带有特定目录 mime-type 的对象)意味着重命名该目录下的每一个对象。

2.3.1　OpenStack Swift 介绍

Swift 服务(OpenStack 的对象存储)为所有 OpenStack 项目提供了 HTTP REST API，允许使用管理资源的标准 HTTP 设计和功能，对一个存储对象处理所有常见操作(见图 2-5)。

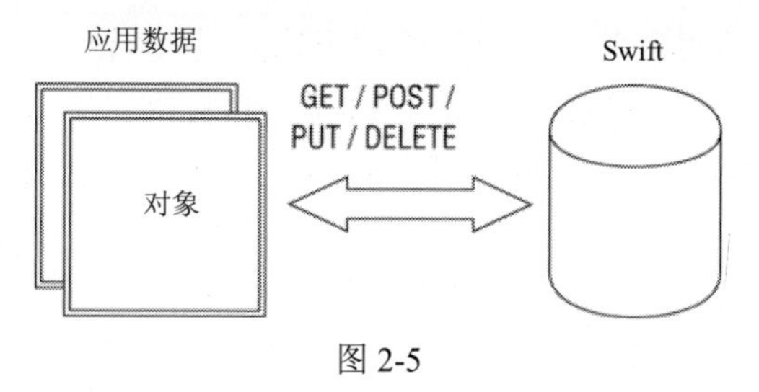

图 2-5

这个项目是可横向扩展的、分布式的和高可用的，它根据设计具有以下几个不同的主要组件：

- Swift 代理服务器(proxy server)：该服务发送访问不同对象的 HTTP 请求给所有后端节点。该组件可以很容易地扩展，因为对象在基础设施中的位置是由对象名称的散列值决定的，并使用环型结构算法来找到。
- Swift 账户服务器(account server)：该服务负责在不同的现有账户中存储容器列表。
- Swift 容器服务器(container server)：类似于账户服务，但是负责在容器中存储对象列表。
- Swift 对象服务器(object server)：这是一个可安装在物理主机上的存储后端，提供内部对象存储 API 来管理存储在本地服务器上的对象。

所有这些组件必须是复制的，并且可以横向复制无数次(见图 2-6)。

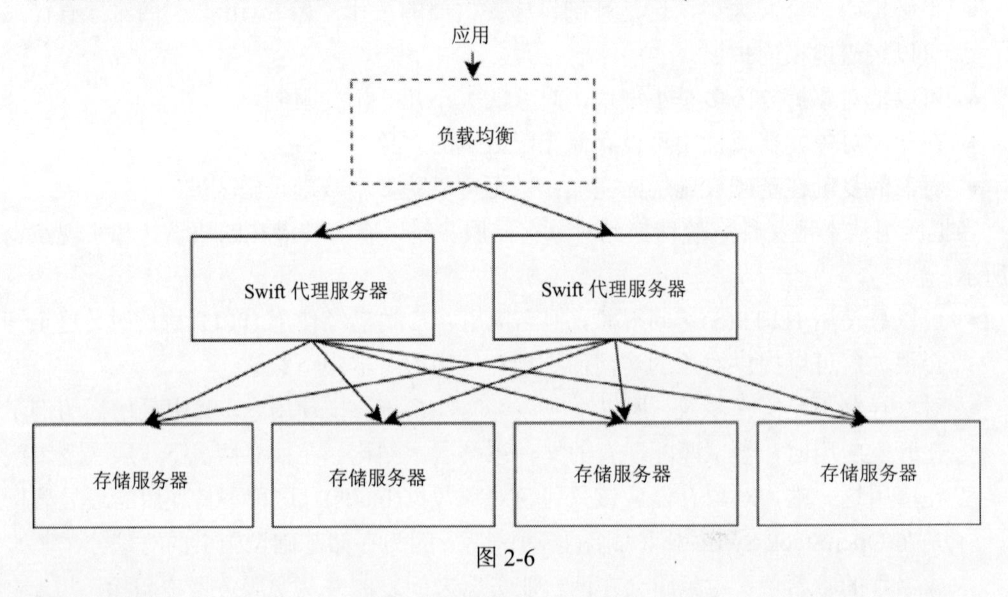

图 2-6

最终一致性

OpenStack Swift 是最终一致(Eventual Consistency)的。例如，如果容器服务器处于高负载下，并且 PUT 一个对象，只要对象存储在不同的对象服务器中，并且 Swift 代理服务器处理 HTTP 请求和返回客户端 SUCCESS 响应，则可以 GET 该对象。换句话说，代理服务器在若干个对象服务器中存储对象，然后 PUT 返回一个成功的 HTTP 响应。然而，添加到容器服务器中的对象可能会被排队和延迟，对容器的 GET 请求可能不会列出这个新建对象。另一个例子是，通过删除一个对象(DELETE)，将会创建一个带有最近修改时间戳的空对象，以保证对象服务器副本(存储对象的地方)宕机时文件不会再次同步。根据存储该对象的不同对象服务器之间的同步延迟时间，此功能可能在 DELETE 操作片刻之后可用。

2.3.2　在 Swift 中存储第一个对象

在 Swift 账户中存储对象的第一步是为它创建一个容器。容器使用一组特定的设置重组有相同目标的多个对象，例如授予公开读取或列举的权限。可以在 HTTP 客户端使用 API 的 curl 命令创建容器。

```
$ curl -I -X PUT $swift/my-container -H "X-Auth-Token: $token"
HTTP/1.1 202 Accepted
Content-Length: 76
Content-Type: text/html; charset=UTF-8
X-Trans-Id: 5B44C388:EB0D_05C4F7D0:01BB_55AEDF79_18A38C8:4451
Date: Mon, 27 Jul 2015 22:25:40 GMT
Connection: close
```

之前提到，将身份认证服务创建的令牌作为 X-Auth-Token HTTP 头部指定以进行身份认证。

一旦创建容器，就可以在其中存储对象。为了实现这个操作，可以在新建的资源路径上发出另一个 PUT 请求。

```
$ curl -I -X PUT -T $object $swift/my-container/my-object
HTTP/1.1 201 Created
Last-Modified: Mon, 27 Jul 2015 22:25:43 GMT
Content-Length: 0
Etag: 168e1afe97b471eb8948a1b612283d04
Content-Type: text/html; charset=UTF-8
X-Trans-Id: 5B44C388:35C8_05C4F7D0:01BB_55B6AFE5_2125569:444C
Date: Mon, 27 Jul 2015 22:25:42 GMT
Connection: close
```

就这么简单！第一个对象存储在 OpenStack 对象存储服务中，并且可以使用 HTTP API 私有访问：

```
$ curl -X GET -i $swift/my-container/my-object.json \
    -H "X-Auth-Token: $ktoken"
HTTP/1.1 200 OK
Content-Length: 42
Accept-Ranges: bytes
Last-Modified: Mon, 27 Jul 2015 22:25:43 GMT
Etag: 168e1afe97b471eb8948a1b612283d04
X-Timestamp: 1438035942-04822
Content-Type: application/json
X-Trans-Id: 5B44C388:CCFA_05C4F7C0:01BB_55B6B352_1039A1B:637A
Date: Mon, 27 Jul 2015 22:40:18 GMT
```

```
Connection: close

[...]
```

所有这些请求都可以使用 Python Swift Client(https://github.com/openstack/python-swiftclient)的命令行执行。下面提供了浏览账户、容器和对象的一种简单方式：

```
# Upload an object
  $ swift upload <container> <file_or_directory>

  # Download an object
  $ swift download <container> <object>
```

2.3.3　临时 Swift URL

对 OpenStack Swift API 发送的任何请求都可以用加密签名进行预认证。这个机制允许共享单一 HTTP 方法(例如，POST swift/my-container/my-object)对单一资源的访问权限，该权限可以由第三方软件或浏览器使用。如果你的应用是多租户的，并且与多个用户共享一个 Swift 账户，那么这个机制确实非常方便。

我们以一个应用为例，该应用在对象容器里存储一些 PDF 账单，并向应用的用户返回一个临时链接来下载其中一份账单。该应用将能够返回给浏览器一个签名 URL，仅用来在有限的时间里 GET 对象。这个签名将会使用一个账户中所设置的密钥来验证。

```
# Set the key as a account metadata "X-Account-Meta-Temp-Url-Key"
$ swift post -m "Temp-URL-Key:92cfceb39d57d914ed8b14d0e37643de0797ae56"


# Display the account information (returned as HTTP headers when
# processing a 'GET /v1/AUTH_account' request)
$ swift stat
Account: AUTH_account
Containers: 1
Objects: 42
Bytes: 4200
Meta Temp-Url-Key: 92cfceb39d57d914ed8b14d0e37643de0797ae56
Connection: close
X-Timestamp: 1365615113.11739
X-Trans-Id: 5B44C388:D669_5CDEF184:01BB_55C72581_2160:50A3
Content-Type: text/plain; charset=utf-8
Accept-Ranges: bytes
```

下面是一个临时 URL 的例子，它包含两个附加的查询字符串：代表链接过期时间的时间戳(temp_url_expires)以及加密签名自身(temp_url_sign)。

```
/v1/AUTH_acount/c/o?temp_url_sig=9da40a8a7e288027809129d03ea2e5b09be70↵
d57&temp_url_expires=1439116248
```

出于测试目的，当使用一个终端时，可以很容易地通过 OpenStack Swift 项目中的 swift-temp-url 工具创建临时链接。下面是可以在应用中使用的一个 Python 编程示例：

```
#! /usr/bin/env python

import hmac
from hashlib import sha1
from time import time

# Expiration timestamp for the link, here this one is in 1h
expires = int(time() + 60 * 60)
# Method authorized by the signed URL
method = 'GET'
# Relative path of the object from the server origin
path = '/v1/AUTH_account/c/o'
# The 'X-Account-Meta-Temp-URL-Key' meta of your Swift account
key = '92cfceb39d57d914ed8b14d0e37643de0797ae56'

# Signature calculation
hmac_body = '%s\n%s\n%s' % (method, expires, path)
signature = hmac.new(key, hmac_body, sha1).hexdigest()

# Format temporary URL
u = 'https://{host}/{path}?temp_url_sig={sig}&temp_url_expires={expires}'
url = u.format(
    host='swift.example.com', path=path,
    sig=signature, expires=expires
)
```

2.3.4　公有容器和访问控制列表(ACL)

如果应用在容器中只存储公有文件，可以使用 OpenStack Swift ACL 将该容器标记为公有的。

按照相似的方式，临时 URL 密钥可以作为账户元数据存储。这些 ACL 作为容器的元数据 X-Container-Read 存储在容器层，允许公开访问或列出容器；或者作为 X-Account-Access-Control 存储在账户层，允许基础设施中的其他账户访问该账户。

我们来关注容器层的 ACL。它们的格式如下：[item[,item…]]，并且因此可以组合使用。有两个有用的概念：.referral(.referrer:example.com 或.r:example.com，用来减小列表长度)和.rlistings(列出容器列表)。

以下代码说明了如何允许任何人访问容器中的公有文件并列出它们：

```
# Set the new ACL
$ swift post -r '.r:*,.rlistings' os-book

# List the container "os-book" metadatas
$ swift stat os-book
Account: AUTH_account
Container: os-book
Objects: 42
Bytes: 0
Read ACL: .r:*,.rlistings
Write ACL:
Sync To:
Sync Key:
Accept-Ranges: bytes
X-Trans-Id: 5B44C388:D847_5CDEF18E:01BB_55C72C0D_155E:1586
X-Storage-Policy: Policy-0
Connection: close
X-Timestamp: 1439116292-30845
Content-Type: text/plain; charset=utf-8
```

2.3.5　了解块存储

当你使用 OpenStack 计算实例时，可能需要额外的存储，它作为卷挂载到实例中。这种类型的存储称为“块”或“块存储”。

每一个块作为一个单独的卷，在单独的实例上提供。块由 OpenStack 块存储服务(Cinder)提供，它提供了一个可访问的目标，并把卷挂载到主机上，使得它在某个实例上可以访问。

可以有多个存储后端驱动程序，这样就在一个标准抽象层的后面部署几乎任意类型的存储基础设施。以下是可供 Cinder 使用的几种主要的存储后端技术。

1. Ceph

Ceph 是一个分布式可扩展的存储解决方案，它可以跨多个存储服务器复制数据。Ceph 可以用作对象存储(RADOS)、块存储(RBD、RADOS 块设备)和共享文件存储(Ceph FS)。Ceph 块设备(RBD)是可调整大小的、精简配置的，在 RADOS 中存储数据并跨多个存储进程读取磁道数据。

2. Gluster

Gluster 是一个分布式的共享文件系统，可以作为块存储后端，也可以作为对象存储后端。在 OpenStack 中，Gluster 以类似的方式作为网络文件存储公开。

3. ZFS

ZFS(或 Zettabyte 文件系统)与所有现有的文件系统相比是一个巨大的变革。正如其名称所暗示，它支持几乎无限的存储空间并简化了文件系统的管理和安全性。

为了实现这一目标，在硬盘驱动器和文件系统本身之间多了一个额外的抽象层：卷管理器，它允许把多个硬盘虚拟化为单一的卷。

在这个抽象层之上，ZFS 提供了一个系统池，这是一个非常强大的快照(存储在同一个卷上的文件系统的只读版本)系统。ZFS 快照所用空间是快照版本和当前文件系统版本的差值(类似于增量备份)，它允许整个文件系统进行非常小的备份。

保证数据完整性的其中一个方法是使用文件系统的校验和。每个数据块都有一个校验和，存储在父级块指针中，而该指针存储在块本身当中。另一个方法是使用写入时复制方法来限制写入数据时产生错误的可能性。

ZFS 提供了 scrub，代替了传统的 fsck(文件系统检查)来检查数据的完整性。它有多种优势，例如在无须卸载文件系统时运行并检查元数据和数据，而不同于只检查元数据的 fsck。

4. LVM

LVM(Logical Volume Management，逻辑卷管理)以与 ZFS 类似的方式，允许把多个本地硬盘作为单一的卷管理，但其是在单个服务器上。这项技术支持作为 Nova 驱动程序，允许在 Nova 主机的实例中提供该主机的本地硬盘驱动程序。

2.4　镜像

OpenStack 计算服务(Nova)存储和访问两类实例镜像：用于创建实例的模板以及从实例生成的快照。

计算服务实际地使用镜像服务(Glance)来获取和存储这些镜像的数据和细节。镜像细节包含以下信息：

- 镜像的显示名称(例如 Debian Jessie)
- 磁盘格式(例如 QCOW2、RAW)
- 镜像大小和运行镜像所需的最少资源
- 镜像的状态，表示潜在的操作和可用性(例如 queued、saving 和 active)
- 镜像校验和

镜像可以用来从现有数据中创建新的实例，三个主要用例是：

- 基础设施中用于创建新实例的基础镜像，使用诸如自动化配置或配置管理之类的工具从头开始配置(见 2.6 节)。
- 重用从已有实例中拿到的快照，使用相同的配置创建一个实例，以恢复一个实例的备份。此外，它也是一个调整实例大小的方法(即改变 flavor)。

● 在基础设施、区域、提供商甚至虚拟机管理程序之间使用标准镜像格式迁移实例。

2.4.1 存储在何处

镜像的细节存储在关系数据库中(默认是 MySQL，它是所有 OpenStack 项目的默认选择)。

镜像数据可以用多种方式存储：本地文件系统(默认的存储解决方案)、块存储和对象存储，或者 Vmware 数据存储。事实上，镜像数据可以存储在任何地方，唯一的要求是要实现一个后端存储驱动程序来支持对存储数据的操作。

存储不同实例镜像的最常见方式是使用基础设施自身来存储：将它们扁平化为单个文件(QCOW2、RAW 等)并存储在对象存储服务中(见图 2-7)，或者作为块存储在块存储服务(Cinder)中。

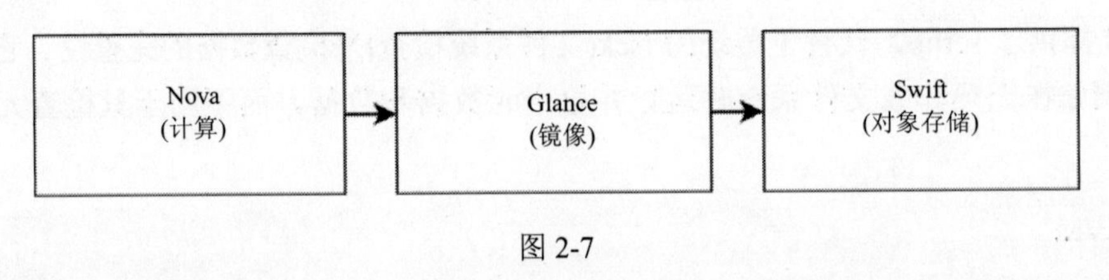

图 2-7

如果你想要使用与块存储服务同样的存储基础设施，并且能够直接连接镜像而无须下载，存储镜像为块将会非常有用。在这种情况下，块数据将会与原始块或原始设备数据完全相同。

如果在块存储服务后台或在 OpenStack 基础设施一旁使用 Ceph 基础设施，就可能要在 Glance 中直接使用 Ceph RBD(RADOS 块设备)驱动程序。在“后台”的意思是，Ceph 基础设施被 Cinder API 抽象化，并被 Cinder 驱动程序使用。在“一旁”的意思是，Ceph 基础设施不在 OpenStack 中使用，但是作为块存储服务，仍然能够被 Glance 用来存储镜像。这将避免在镜像服务和最终存储后端之间有一个额外的 API，并能够将运行块存储服务的存储后端产品与包含模板和快照的镜像服务分离开来。它可能是，不同的 Ceph 基础设施、不同的 Ceph OSD(对象存储节点)或在同一个基础设施中分配了不同资源的不同 Ceph 存储池。

相反，你可能想要在对象存储服务中存储镜像的扁平化版本。例如，当主要使用镜像服务存储大量的快照备份时，镜像将简单地存储为文件，可以轻松地上传和下载，而不需要创建一个块设备或从块设备中读取所有数据，然后通过镜像服务 HTTP API 返回。此外，你可以按照采用了优化策略的格式存储镜像，如果在镜像 API 上产生大量的下载请求，这种方式将会非常好。

如果你想在 OpenStack 基础设施之外的对象存储服务中存储镜像，可以在 Glance 中使用 S3 存储驱动程序将镜像(模板和快照)放到 AWS S3(Amazon Web Services Simple Storage Service)中。这是一个将基础设施备份存储到外部安全服务上的有趣解决方案，其允许使用 OpenStack 基础设施数据，在 AWS EC2(Elastic Cloud Computing，AWS 的计算服务)上潜在地拥有一个灾难恢复计划。

2.4.2　不同的镜像格式

镜像服务上存储的镜像可以有不同的格式，取决于虚拟机管理程序所支持的格式和你想使用的功能。

镜像格式包含两个不同的概念：磁盘格式，与磁盘镜像的真实数据对应；容器格式，包含磁盘镜像的元数据信息。

以下是最常用的磁盘格式：

- RAW：最简单的格式，设备数据非结构化的精确副本。它常常非常大，因为其需要在单一的文件中分配整个镜像空间，所以有些部分是未使用的和空的。
- QCOW2：全称是 QUEM Copy on Write。这种格式使用某种策略来压缩镜像中包含的数据。存储大小会延迟分配，直到该空间是数据存储所实际需要的。因此，这种格式是灵活的，因为如果添加一些数据，它就是可以扩展的，这点与设备的 RAW 格式镜像不同。此外，使用这种格式提供的写入时复制功能，可以在另一个文件中存储附加更改，该文件包含了与原始 QCOW2 基础镜像的差异。
- VHD：全称是 Virtual Hard Disk，基本上是微软技术(Windows 和 Hyper-V)的标准。例如，可以轻松地将一个 VHD 镜像附加到 Windows 系统上而无须虚拟化引擎，因为操作系统生来就支持这种格式。VHD 镜像可以直接修改，这样可以改变一些文件并在镜像内部制作备份或恢复。
- VMDK：VMware 镜像的默认格式，也被诸如 QUEM 或 VirtualBox 之类的其他虚拟化解决方案支持。它支持多种配置策略，包括精简配置，且仅当这些策略写入镜像时允许配置块。

镜像的附加信息，例如元数据信息，如果不在镜像文件中，则可以存储在外部容器中。与镜像数据格式一样，容器格式存在多种类型并被 OpenStack 和虚拟化驱动程序支持。最常用的是 OVF(Open Virtualization Format)，一个基于开放标准的 XML 描述符文件，其详细描述了打包虚拟机信息。

2.5　仪表板

OpenStack 包含一个称为 Horizon 的仪表板项目，它是一个用 Django 框架和不同 OpenStack 服务 API 构建的 Web 界面。

由 Horizon 面板提供的图形用户界面(GUI)是开始学习 OpenStack 及其不同组件的一条很好的途径。它允许你通过一个简单的设置助手启动第一个实例，然后创建 Swift 容器，进而管理一些资源(见图 2-8)。

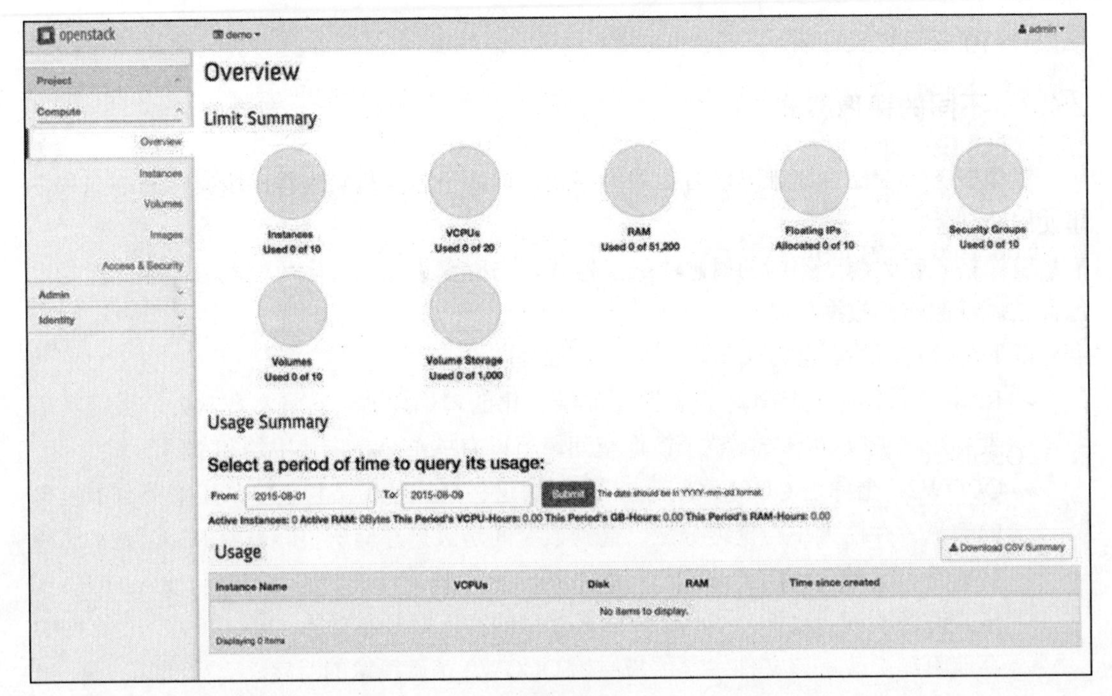

图 2-8

如果 OpenStack 项目比较小或仅使用其主要功能，那么使用这个 GUI 可以简化你的日常工作。然而，当开始有成百上千个实例和网络，并且想要使用非基本功能时，它不能够很好地扩展。例如，用特定配置创建一个新的网络端口并把它附到一个现有的实例上就是一个非基本功能。

下一步是使用命令行(CLI)或不同的 OpenStack API 来管理账户或基础设施，并开始自动化部署、管理和使用 OpenStack 资源。

因为命令行实现了所有的 API，用它来测试所有功能是一个很好的方法，可以在开发和应用于应用之前揭示 API 方法、API 请求和响应的格式。另外，可以将其编写为脚本，以自动化并重复 OpenStack 的日常管理任务。

2.6　网络

OpenStack 中的网络服务负责提供云内部以及云中实例和外部世界之间的网络连接。OpenStack 提供两种不同的网络服务。遗留解决方案是 Nova 计算模块的一部分，称为 Nova 网络。Neutron 项目提供了新的网络解决方案，它包含更多的功能和更大的灵活性。

两种解决方案都提供了两种不同类型的 IP 地址：私有 IP 地址(private IP address)和浮动 IP 地址(floating IP address)。私有 IP 地址是虚拟机实例本身所看到的地址。也就是说，在一个 Linux 虚拟机实例中执行 ip addr 命令，会显示私有 IP 地址。实例使用私有 IP 地址在云内部通信。在 OpenStack 中，每个虚拟机至少有一个私有 IP 地址，但是可以不需要浮动 IP 地址。

浮动 IP 地址在云的外部(通常是公有互联网)是可访问的，并使用网络地址转换(NAT，Network Address Translation)指向一个特定的虚拟机实例。浮动 IP 地址可以在创建的时候与一台虚拟机关联，或者在之后任何时间关联。也可以将它们移动到不同的虚拟机上——这使得它们成为“浮动”的 IP 地址。它们不固定到一个特定虚拟机甚至租户上，可以自由地从一个实例移动到另一个实例。

OpenStack 网络中另一个重要的概念是供应商网络(provider networks)和租户网络(tenant networks)的区别。供应商网络是在 OpenStack 中定义的对象，它提供了一部分物理网络基础设施的信息，并且只能由管理员创建。云平台管理员在 OpenStack 内部创建的供应商网络与基础设置中所配置的物理网络相对应。这允许 OpenStack 管理云和物理网络的连接。这些网络可以通过浮动 IP 地址提供外部访问，或者它们可以提供带有物理基础设施子网 IP 地址的虚拟机(这样避免了这些虚拟机使用浮动 IP)。

相比之下，普通用户创建租户网络。这些网络与其他租户隔离，并且受其所有者的控制。它们可能会(也可能不会)直接映射到底层物理网络，这取决于由云管理员设置的细分策略。该策略由云运营商定义并对租户隐藏。从应用开发者的角度来看，特定的细分策略并不重要。重要的是了解除了通过浮动 IP 地址访问之外，租户网络只可由创建它们的租户访问。

2.6.1　Nova 网络

Nova 网络已被弃用，取而代之的是 Neutron 网络，但是一些现有的云仍然在使用它，因此对它有一些了解是有用的。

Nova 网络提供了一个简单的网络解决方案，其在拓扑结构和配置的灵活性上有所限制。尤其是租户难以控制拓扑结构，并且不能创建复杂的网络环境。

在大多数安装中，Nova 网络配置为一个由所有租户共享的单一“扁平”网络，或者每个租户使用一个 VLAN(见图 2-9)。

在 Nova 网络中，作为一名应用开发者，你很难控制附加网络拓扑的构建。

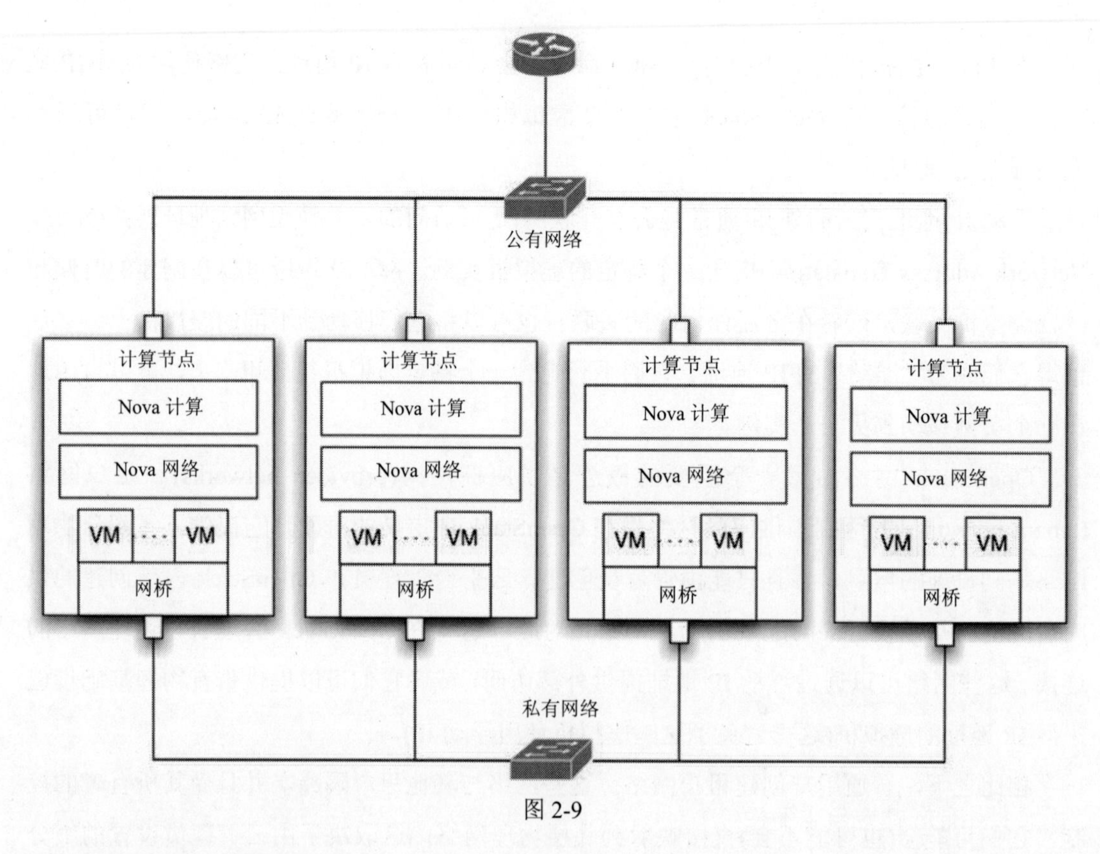

图 2-9

2.6.2 Neutron 网络

Neutron 网络是 OpenStack 中新的、独立的网络服务。作为一个软件定义网络解决方案，它提供了创建复杂租户拓扑网络的能力，并且与各种厂商 SDN 产品集成。它的理念是能够在一个完全虚拟的环境中再造物理网络拓扑。就像虚拟化机器实例的 Nova 计算一样，Neutron 网络能够虚拟化网络组件，如路由器、防火墙和负载均衡器，如图 2-10 所示。

与完全依赖计算节点的Nova网络不同，Neutron中的网络节点是独立的(如图2-10所示)。网络节点处理高级的服务，如负载均衡即服务、防火墙即服务和虚拟私有网络即服务。另外，它提供对云外部世界的连接。在Neutron较早的版本(Juno之前)中，所有不同子网之间的第3层流量都通过网络节点传输，甚至相同计算节点上的虚拟机之间也是如此。只有第2层流量可以直接在计算节点之间或计算节点内部传输。Juno版本中引入了DVR(Distributed Virtual Router，分布式虚拟路由器)功能来提供计算节点上的本地路由。然而，流量仍然经过网络节点转发到云外部或者访问高级服务。

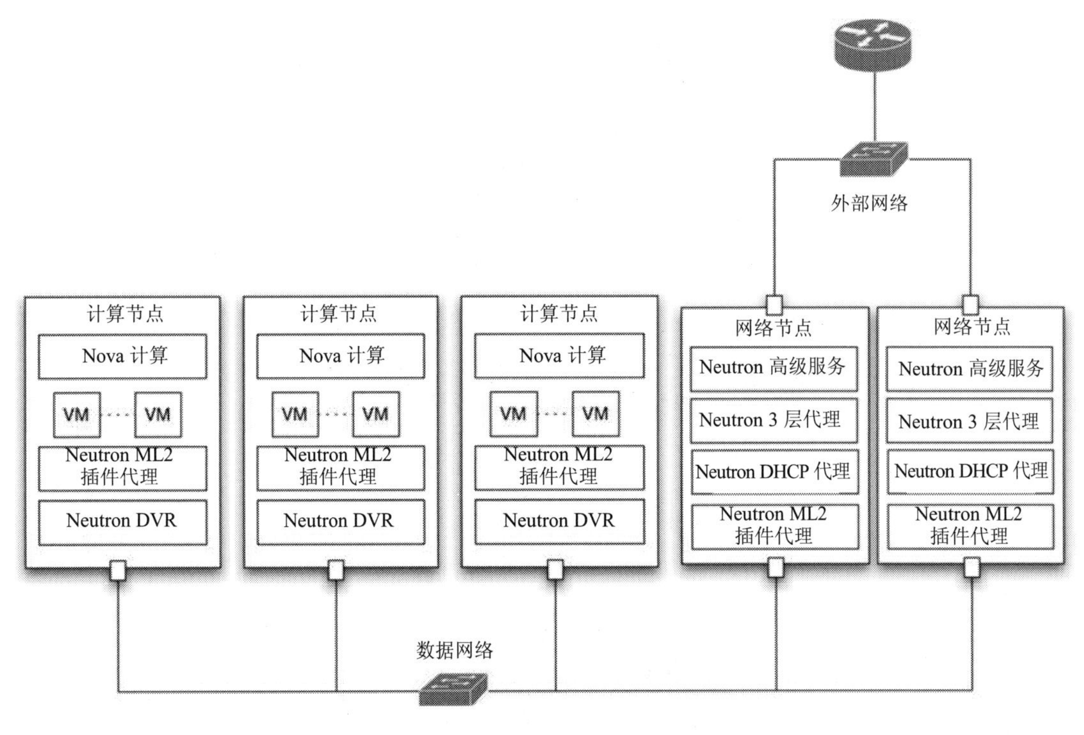

图 2-10

1. Neutron 在应用中的作用

试想在传统环境中部署一个三层应用。你需要购买服务器、交换机、路由器、防火墙、负载均衡器和 SSL 负载均衡设备——并且需要双冗余部署。其中每一个设备都需要按照应用精确的规范进行上架、连接，并进行手动配置。你需要设计出新应用所需要的空间、电力和温控。即便虚拟化这些服务器，你仍然需要配置所有的网络设备。这在设备成本上需要很大的开销，同样需要花费大量时间进行配置。

实践提示：在实践中，你不会使用所有这些设备。现代网络设备直接或间接通过服务模块可达到其中几个目的。在这种情况下，可以使用 VLAN 标签创建隔离网段，所以从安全的角度来看效果是等同的。然而，即便在这种情况下，每个服务仍然需要手动配置，图 2-11 说明了部署的复杂性。

在软件定义世界中，所有的复杂性都转移到软件层。在硬件层，有统一的服务器机架和架顶交换机，通常连接到一个叶脊(spine-and-leaf)网络结构(见图 2-12)。

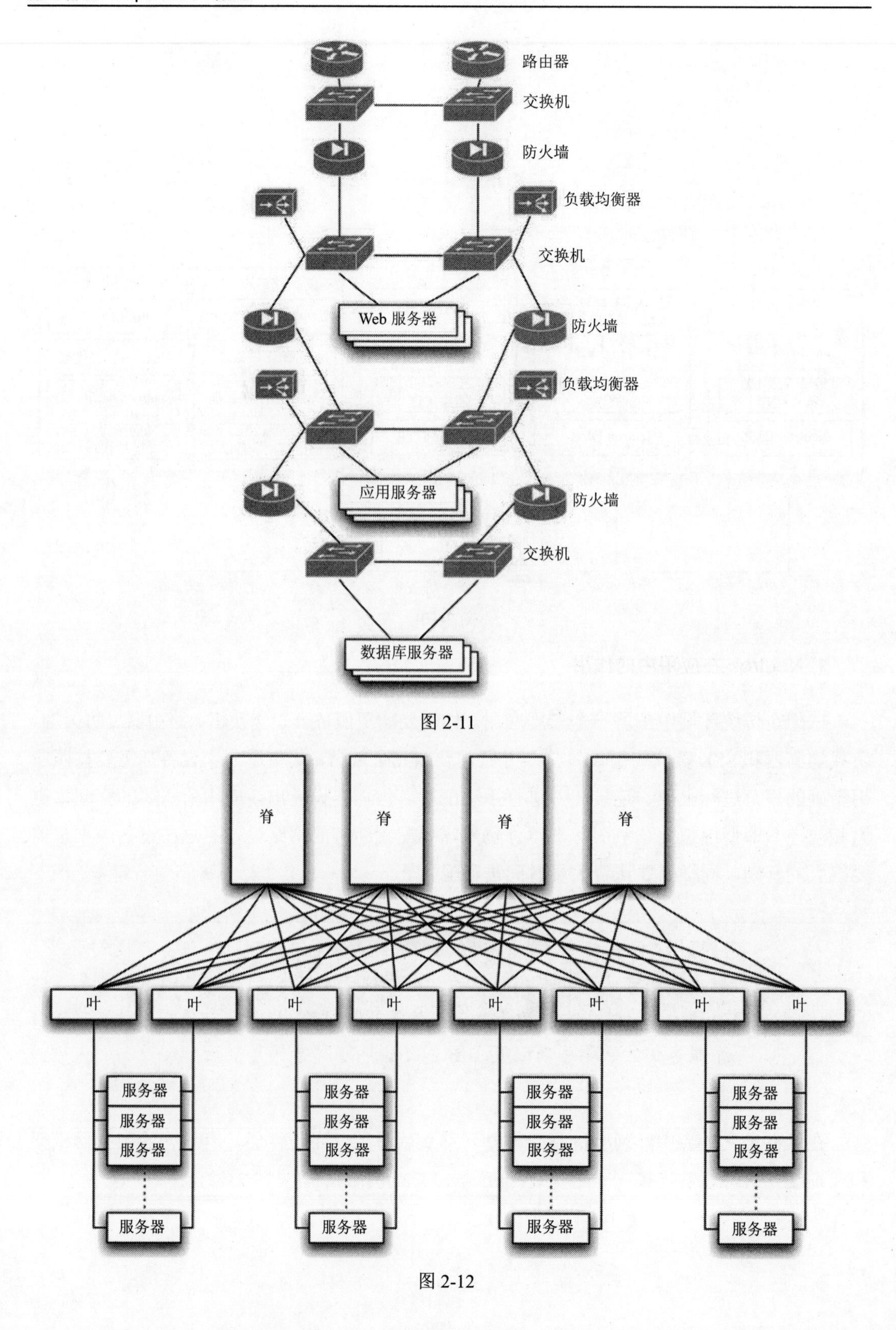
路由器
交换机
防火墙
负载均衡器
交换机
Web 服务器
防火墙
负载均衡器
应用服务器
防火墙
交换机
数据库服务器

图 2-11

脊
脊
脊
脊
叶
叶
叶
叶
叶
叶
叶
叶
服务器
服务器
服务器
服务器

图 2-12

这里的服务器是云中的计算、网络、存储和其他物理节点。叶交换机是连通所有服务器的架顶交换机。脊交换机聚合所有来自叶交换机的流量，每个叶交换机都可以经过两次跳转到达其他叶交换机，因为每个叶交换机和每个脊交换机相连。另外，叶交换机之间的流量不需要经过很长的路径，而是通过脊交换机传输。这有利于减少瓶颈。在这个拓扑结构中，因为每个服务器都双重连接到两个叶交换机，所以仍然有完整的冗余。

只要有容量，硬件层的变化就不会基于应用的部署。如果有变化，你可以采用简单一致的方式添加一个服务器，而不需要了解在其上运行的应用的任何信息。

当新的应用上线和下线时，不需要为这些应用进行上架、安装电缆和配置特定的硬件设备。网络通过自动化和基于纯软件的网络设备覆盖在一致的硬件之上。在软件中创建虚拟路由器、负载均衡器和防火墙，并通过 API 调用连接。这可以大大地减少部署应用的停机时间，并且能够进行可重复的、模板化的部署。

当然，软件的执行可能不像专门的硬件一样顺利。此外，还有很多功能是标准 OpenStack 实现所不支持的。Neutron 提供了丰富的插件接口集来解决这些问题。这些插件使得第三方厂商工具可以直接集成到 Neutron 服务中来扩展其功能。插件可以与外部的 SDN 控制器或现有的物理网络设备交互，提供诸如 VPN 之类的高级服务，或者与外部 IP 地址管理平台集成。这与建立一个传统应用网络的区别是，它仍然通过相同和简单的 API 进行所有操作，而不是通过特定厂商专有的配置协议。

2. 了解 Neutron 核心对象

Neutron 对象模型包含一些熟悉的物理世界中的类似物，如端口、子网和路由器。也有只存在于 OpenStack 的一些逻辑概念，如子网池和地址范围。

Neutron 网络对应于第 2 层广播域。如果不熟悉网络，那么在物理世界中你可以把它当作节点单线来讨论。第 2 层只处理 MAC 地址——该层中不需要 IP 地址。交换机通过只在必要的链路上转发以太网帧，为“单线”模型提供了优化。它还提供了 VLAN(虚拟局域网，Virtual Local Area Networks)，将一个交换机分为多个广播域。从本质上说，由你来决定哪些端口“走在一起”。Neutron 中的网络模型抓住了这个概念。

Neutron 子网提供第 3 层连接。也就是说，它提供 IP 寻址服务并且使得 Neutron 路由器能够在 Neutron 网络之间转发流量。这与标准网络模型非常相似。正如在物理世界中一样，一个子网与一个特定的第 2 层网络关联，一个 Neutron 路由器用于子网互联。

在 Neutron 中，当创建一个路由器时，可以额外指定其提供高可用性(HA)，或者指定其为分布式虚拟路由器，正如上面所提到的，分散在所有的计算节点中。DVR 是比标准路由器更新的一个实现，并因此有一些局限性。从 Kilo 版本开始，DVR 因为转发东西方向(虚拟机之间)的流量而对 FWaaS(防火墙即服务)不起作用。另外，它需要计算节点有一个公共 IP 来处理分布式浮动 IP 地址。

Neutron 端口与网络关联。它在现实世界中的类似物是一个实际的交换机端口，可以插入以太网电缆。它是一个网络的连接点。Neutron 为 Nova 提供一个端口来“插入”实例接口。现实世界和 Neutron 的一个区别是 Neutron 端口也可以自动化地关联一个或多个 IP 地址(每个子网一个 IP 地址)。这是第 2 层和第 3 层功能的模糊实现，并将在 Neutron 的后续版本中得到完善。

Neutron 安全组提供简单的、类似防火墙的功能。可以为入口和出口流量定义规则并将这些规则应用到 Neutron 端口上。存在一个默认安全组，用于转发该组实例之间的流量，以及从该组实例发出的出口流量，但限制所有的入口流量。你可以利用防火墙服务提供更复杂的功能。

Kilo 版本的 Neutron 引入了另一个概念，它比之前描述的概念更加抽象——子网池(subnet pool)。子网池是 IP 网络前缀的集合，租户可以从中分配子网。也就是说，在 Juno 和更早的版本中，租户必须指定特定的子网(类似 10.10.10.0/24)来分配。而在 Kilo 中，云管理员可以创建子网池(比如 10.10.0.0/16)，租户可以从中要求特定大小的“任意子网”。采用这种方式，租户不需要提前弄清楚子网是什么样子的，他们只需要要求子网池解决这个问题。例如，在没有子网池的情况下，可以使用以下 API 调用来创建一个子网：

```
neutron subnet-create private-network 10.1.0.0/24
```

这需要调用者知道 10.1.0.0/24 是有效的、可用的子网。有了子网池，管理员可以为某种特定的用途(例如 Web 服务器)创建一个池。该池包含了一个可从中分配子网的广泛地址范围，以及一个默认的前缀长度(上述中的“/24”，对应子网掩码)。因此，作为上面方式的替代方法，可以执行一个简单的命令：

```
neutron subnet-create private-network -subnetpool web-pool
```

这完全将 IP 地址及子网分配决策和子网创建过程分离开来。对于采用不同的组来管理 IP 地址空间和应用的较大机构的云来说，该功能以及 liberty 版本引入的可插入 IP 地址管理功能非常关键。

Liberty 版本还引入了一个概念，称为地址作用域(address scope)。它表示唯一的第 3 层地址空间。在 Neutron 中，可以在两个不同的网络上创建相同的子网 CIDR(例如，10.0.0.0/24)。这可能会导致重叠的 IP 地址。这在 Neutron 中是完全有效的，但是不能将这两个网络连接到同一台路由器上。如果这样做，Neutron 就不能够区分这两个网络上相同的 IP 地址。地址作用域概括了这一特征，Neutron 提供一个对象来表示子网所属的地址空间。通过这种方式，Neutron 能够更好地控制路由，并防止多个用户意外创建重叠的地址空间。它还允许 Neutron 知道在非重叠的子网之间何时需要网络地址转换(NAT)，这可以防止该路由器上其他子网的意外重叠。

3. 了解覆盖网络

Neutron 提供的关键特征之一是覆盖网络的概念。覆盖网络仅仅是物理网络上的网络流量的一个分段或隔离。关键是从虚拟机的角度看，有一个单一的、传统的网络。但实际上，这是 Neutron 创造的假象，因为数据实际上跨越数据中心的各种物理网络边界进行传输。例如，当一台虚拟机发送一个第 2 层广播时，例如 ARP 请求，该请求可能会被封包并经过物理网络发送到几个不同的计算节点上。然后在这些节点上解包请求并传送至同一个覆盖网络上的每台虚拟机。覆盖网络提供了隔离租户流量的能力，使得我们可以共享底层物理网络，因而能够充分利用它(见图 2-13)。

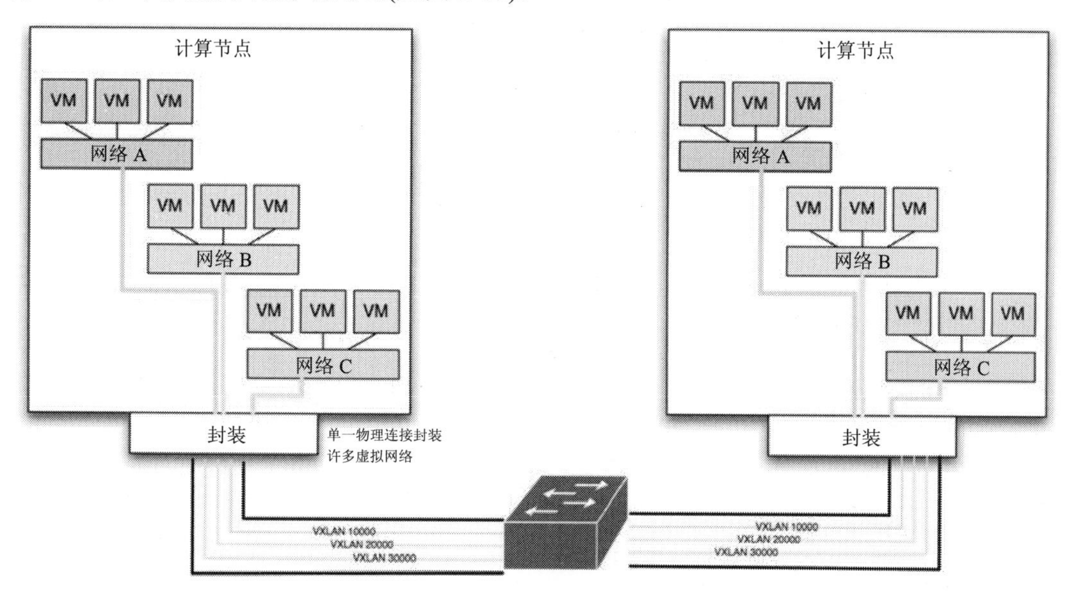

图 2-13

覆盖网络最简单和广为人知的形式是 VLAN。VLAN 使用 12 位的数字标记以太网帧，这使得物理网络设备可以区分属于不同 VLAN 的流量。当用户在 Neutron 中创建租户网络时，它可以被分配一个特定的 VLAN 标记，Neutron 可以将其所有流量与网络中的其他流量隔离开来。

然而，一个很大的缺点是 12 位的标记最多能提供 4096 个 VLAN。在较大的多租户云中，可能有更多隔离网络需求。其他技术已经被开发以解决这个差距。可以在 OpenStack 的参考实现中看到的两种技术是虚拟可扩展局域网(VXLAN，Extensible Local Area Network)和通用路由封装(GRE，Generic Routing Encapsulation)。然而 VLAN 基于第 2 层技术——它标记以太网帧——这两种技术基于第 3 层技术。也就是说，它们将数据封装在 IP 包中而不是标记以太网帧。这允许覆盖网络横跨更大的网络。此外，VXLAN 协议提供了 24 位数字来区分网络，允许存在超过 1600 万个不同的覆盖网络。

2.7 将所有内容组合在一起

为了帮助理解这些不同部分如何交互，我们首先启动一台虚拟机并了解所有部分如何协作。这是一个简化的工作流，用户和各种服务将启动一个典型的虚拟机，该虚拟机只有临时性存储(即当虚拟机终止时存储内容和所有磁盘数据都将消失)。因为重点是服务之间的交互，所以在这里省略了很多内部步骤。

为了启动任意一台虚拟机，需要先做几项准备工作。对于这个示例，我们将使用单独的服务 CLI 客户端。还有一个通用的 OpenStack 客户端，但是它不提供单独服务客户端的所有功能。

首先，需要决定想要使用的虚拟机 flavor。flavor 代表了虚拟机的 CUP、内存和存储的集合。flavor 可以从 Nova 中获取(为简单起见，省略了一些列)：

```
$ nova flavor-list
+----+-----------+-----------+------+-----------+------+-------+
| ID | Name      | Memory_MB | Disk | Ephemeral | Swap | VCPUs |
+----+-----------+-----------+------+-----------+------+-------+
| 1  | m1.tiny   | 512       | 1    | 0         |      | 1     |
| 2  | m1.small  | 2048      | 20   | 0         |      | 1     |
| 3  | m1.medium | 4096      | 40   | 0         |      | 2     |
| 4  | m1.large  | 8192      | 80   | 0         |      | 4     |
| 42 | m1.nano   | 64        | 0    | 0         |      | 1     |
| 5  | m1.xlarge | 16384     | 160  | 0         |      | 8     |
| 84 | m1.micro  | 128       | 0    | 0         |      | 1     |
+----+-----------+-----------+------+-----------+------+-------+
$
```

我们将使用 m1.tiny。

接下来，你需要知道使用哪个镜像。镜像包含虚拟机的引导操作系统。在需要实际构建一个应用之前，本书中的示例通常会使用 CirrOS，它非常小，是用于测试云平台最小规模的操作系统。如果往后看，其他镜像可能在你的 OpenStack 实例上可用，选择一个小的镜像进行实验。

```
$ glance image-list
+--------+---------------------------------+...+----------+--------+
| ID     | Name                            |...| Size     | Status |
+--------+---------------------------------+...|----------+--------+
| 6d...e0 | cirros-0.3.4-x86_64-uec        |...| 25165824 | active |
| 5f...92 | cirros-0.3.4-x86_64-uec-kernel |...| 4979632  | active |
| 06...c6 | cirros-0.3.4-x86_64-uec-ramdisk |...| 3740163 | active |
+--------+---------------------------------+...+----------+--------+
$
```

因为我们希望能够通过网络访问实例，而不仅仅通过控制台，所以需要把实例附加到一个网络中。因此，调用 Neutron 服务来发现可用的网络。

```
$ neutron net-list
+--------+--------+---------------------------------------------+
| id     | name   | subnets                                     |
+----------------+---------------------------------------------+
```

```
| 50...56 | public  | 09c872aa-02fa-4e81-9cb1-846399938c64 2001:db8::/64 |
|                   | b9d882f3-8378-42cc-b5fa-4cb2576c7fb4 192-168.20.0/25 |
| fa...ea | private | 5bd94138-3a4a-4966-b216-b4530a0f489d fddc:b6e3:ede0::/64 |
|                   | ece9ba64-cf28-424c-8187-8df763301a56 10.0.0.0/24   |
+---------+---------+--------------------------------------------------+
```

现在我们有了 Nova 启动时需要知道的一切信息，所以只需要简单地运行 Nova boot 命令(省略输出)：

```
$ nova boot -flavor m1.tiny -image cirros-0.3.4-x86_64-uec \
         -nic net-id=fa3282e4-64ba-44fa-9644-46da784234ea i-1
+-----------------------------------+------------------------------------+
| Property                          | Value                              |
+-----------------------------------+------------------------------------+
|
| OS-EXT-STS:power_state          | 0                                    |
| OS-EXT-STS:task_state           | scheduling                           |
| OS-EXT-STS:vm_state             | building                             |
| OS-SRV-USG:launched_at          | -                                    |
| OS-SRV-USG:terminated_at        | -                                    |
| created                         | 2015-07-24T05:52:20Z                 |
| flavor                          | m1.tiny (1)                          |
| id                              | a9d9e891-e85a-471b-9844-cd3eda0659a0 |
| image                           | cirros-0.3.4-x86_64-uec (6d...e0)    |
| key_name                        | -                                    |
| metadata                        | {}                                   |
| name                            | i-1                                  |
| progress                        | 0                                    |
| security_groups                 | default                              |
| status                          | BUILD                                |
| tenant_id                       | 56082fc3830e43d4af307bed5d1d5f90     |
| updated                         | 2015-07-24T05:52:20Z                 |
| user_id                         | e749c12a525d4b259e0e291fd91ca53a     |
+-----------------------------------+------------------------------------+
$
```

那么当发出 boot 命令时 Nova 做了什么工作？首先，它使用 Keystone 验证我们的凭证，以确保我们有权启动虚拟机。之后，在正常情况下，启动过程是一个将实例状态从 BUILD 变为 ACTIVE 的状态机。Nova 首先将 Status 值为 BUILD 以及 Task State 值为 scheduling 的实例存储在数据库中。主要状态 Status 保持为 BUILD，因此为了查看启动进度，我们需要了解二级状态 Task Status。两个状态值都在 Nova 数据库中跟踪记录。

```
$ nova list
```

```
+---------+-----+--------+------------+------------+-------------+
| ID      | Name | Status | Task State | Power State | Networks     |
+---------+-----+--------+------------+------------+-------------+
| a9...a0 | i-1  | BUILD  | scheduling  | NOSTATE     |              |
+---------+-----+--------+------------+------------+-------------+
```

然后，Nova 通过消息队列发送一个请求到 Nova 调度器(运行在控制器节点上)。调度器的工作是找到运行该实例的物理计算节点。它将基于虚拟机的特点(例如，所需 CPU 和内存的大小)和每个主机的可用容量来选择一个节点。然后，它将回送一个请求至消息队列，其中包含所选的主机。上面的命令结果中显示了 scheduling 状态，然而在实践中，scheduling 状态可能会非常快，你很难捕获该状态。

Nova 从消息队列中拿到调度实例请求并更新数据库，然后再次发送消息至消息队列——这次该消息发送至所选计算主机上的 nova-compute 进程。Nova 计算代理使用 REST API 调用 Glance 镜像服务来获取镜像。

每次当一个服务和另一个服务交互时，都会调用 Keystone 来验证令牌(验证细节取决于令牌类型)。这种情况下，Glance 会验证用户有权使用所选择的镜像。如果验证成功，Nova 将下载镜像至其镜像缓存。

现在主机已经选择并且镜像在该主机上可用，但是 Nova 仍然需要知道如何将实例连接到网络。它将 Task Status 值置为 networking，然后调用 Neutron 网络服务来创建一个端口。该端口可被看作一个真实的物理交换机端口。它提供一个地方来将实例网络接口“插入”虚拟交换结构。再次说明，这种服务之间的交互通过调用 REST API 来完成，该 API 与其他客户端所使用的 API 相同。事实上，我们可以提前创建端口并给 Nova 提供 port_id 而不是 network_id。

Neutron 创建端口并在与 network_id 参数关联的子网上分配 IP。像 Nova 一样，Neutron 代理运行在每个计算节点上，并在该节点上创建虚拟端口。

最后，Nova 获取了所有信息，将 Task Status 值置为 spawning，并调用虚拟机管理程序(默认是 KVM)真正地启动实例。

2.8 小结

本章详细介绍了 OpenStack 的核心组件以及它们在创建云时的协作方式。最后将这些内容组合在一起，以了解 Nova 与 Keystone、Neutron、Glance 和 Cinder 如何交互来启动一台虚拟机的细节。你会发现这些是大多数 OpenStack 云中使用的基本服务，但也有许多其他服务。在下一章中，我们将介绍一些 OpenStack 云提供的不那么核心但仍然重要的服务。

第3章 了解OpenStack生态系统：附加项目

本章内容

- 了解云编排
- OpenStack 编排功能
- 详细了解 OpenStack Heat
- 软件定义存储(Software-Defined-Storage，SDS)
- SDS 用例：云数据库
- 云数据库：维持或消耗
- OpenStack 数据库即服务：Trove
- 了解 Magnum 和容器即服务
- Murano 和 Ceilometer

第2章讨论的核心组件覆盖了OpenStack的IaaS基本功能。仅使用这些功能，OpenStack可以构建和运行应用。然而，除了这些组件中覆盖的功能外，还有更多功能用于构建、部署和支持应用。本章将讨论 OpenStack 附加项目，它们能够在虚拟机或容器上定义可重复的应用部署，使得应用可通过 DNS 访问，并且监控托管这些应用的虚拟基础设施。尽管这些功能没有被贴上编排的标签，这些应用在一定程度上也需要手工配置和部署。本章将讲述如何使用 OpenStack 管理基于容器的应用，如何打包应用供他人使用，以及如何利用数据库即服务功能将更多的复杂性从应用转移到云基础设施。

示例应用源代码

可以通过我们的 GitHub 访问示例应用源代码：https://github.com/johnbelamaric/openstack-appdev-book。

3.1 OpenStack Heat

在云计算理论中有多个类型的服务。最受欢迎和有趣的(在灵活性方面)的服务是平台即服务(Platform-as-a-Service，PaaS)，它允许你以不同的方式接入云功能，比如云编排服务。让我们看看云编排的科学定义：

- 它能够控制和安排一系列底层技术基础设施(硬件和管理程序)。可以匹配用户输入的预定命令来创建一组自动化事件，以最高效率交付请求(来源:http://howtobuildacloud.com/cloud-enablement/cloud-orchestration-starts-to-play-its-tune/)。
- 它理论上能够从自助服务接口自动化管理、协调和配置客户解决方案的各个部分，而无须人工干预。这很像一个指挥者，他指挥一个管弦乐队以确保所有的乐器/表演者都在节奏上(来源：https://www.flexiant.com/)。

把定义放在一边，云编排服务最重要的一点不是它们是什么，而是它们做了什么。作为云的使用者、供应商或者云服务的代理商，重要的是云编排使得云的使用体验更好。如果你正在寻找一种服务或功能，使得云应用资源更具有扩展性、可即时部署、更高效易用，以及更易于计费和管理，那么你要找的就是云编排服务功能。

你可能会质疑编排服务是一个平台服务，但是云编排器是首个提供的服务，它能够让我们在一个单一的 API 规范中以预先定义的方式(特定 DSL)使用/操作云资源(在过去，需要学习大量 API 规范来完成业务需求)。

OpenStack 的编排功能

因此，云编排是不可或缺的服务，但是，对于 OpenStack 而言呢？也是一样吗？让我们来看一下 OpenStack 的编排服务，称为 Heat。

Heat 是 OpenStack 编排工程的主要项目。它实现了一个编排引擎，来启动多个基于模板的复合云应用，该模板是可视为代码的文本文件。原生的 Heat 模板格式正在发生改变，但 Heat 也提供对 AWS CloudFormation 模板格式的兼容性。这允许许多现有的 CloudFormation 模板在 OpenStack 上使用。Heat 提供了 OpenStack 原生 REST API，也提供了兼容 CloudFormation 的查询 API(来源：https://wiki.openstack.org/wiki/Heat)。

OpenStack Heat 详解

让我们看看 Heat 能为你做什么。下面是 Heat 支持的模板类型的列表。

- HOT：Heat Orchestration Template 的缩写。HOT 模板是不向后兼容 AWS CloudFormation 的新一代模板，并仅能被 OpenStack 使用(HOT 的 DSL——YAML)。
- CFN：AWS CloudFormation 的缩写。它是从 Heat 第一个版本开始最初支持的一种类型(CFN 的 DSL——JSON)。

每个模板定义了基础设施资源需求，每种资源之间的关系，以及管理完整应用资源生命周期所需的任意软件配置。

在开始学习模板之前，有必要了解几个术语：栈(stack)、资源(resource)、参数(parameters)和输出(output)。

- Stack：模板所描述的对象的集合，包含将其部署到云上的关系/依赖。它包含实例(虚拟机)、网络、块存储、对象存储 bucket 和自动伸缩规则。
- Resource：栈的一个元素。例如，虚拟机、安全组、子网和块存储是栈的资源。
- Parameters：这包含一些花絮信息，例如特定镜像 ID、flavor、卷大小或特定的网络 ID，并由用户传入 Heat 模板。一般情况下，模板是参数化的并允许灵活配置 flavor，但这通常是由用户决定的。一般应用的参数放在资源配置中。例如，如果需要部署虚拟机(VM)资源，你必须显式定义 flavor 和镜像 ID。它们是资源的参数，并且实际情况下模板中可能有很大一部分是参数。参数不是强制要求的，然而，资源定义有可能在资源配置中放置一些默认值。
- Outputs：这很有趣，因为在一般情况下，它在一个成功部署的末尾定义，并输出一个完全自定义的数据结构。让我们看一个小例子。假设有三个资源：虚拟机、安全组规则和软件部署。此处的想法是部署一个安装有软件(Nodecellar、Wordpress、MySql 或其他任何软件)的虚拟机并需要限制对所部署应用的访问。该部署配置假定我们在部署一个 PaaS 应用并且用户能够通过特定的连接字符串访问。模板输出是这样的：一旦部署就绪，Heat 将试图根据其模板定义，使用内置模板 DSL 功能获取输出。

现在看一下 Heat 模板真实的例子：

```
heat_template_version: 2013-05-23

description: >
  A HOT template that holds a VM instance with an attached
  Cinder volume.  The VM does nothing, it is only created.

parameters:

  key_name:
    type: string
    description: Name of an existing key pair to use for the instance
    constraints:
      - custom_constraint: nova.keypair
        description: Must name a public key (pair) known to Nova

  flavor:
    type: string
    description: Flavor for the instance to be created
    default: m1.small
```

```
      constraints:
        - custom_constraint: nova.flavor
          description: Must be a flavor known to Nova

    image:
      type: string
      description: >
        Name or ID of the image to use for the instance.
        You can get the default from
        http://cloud.fedoraproject.org/fedora-20.x86_64.qcow2
        There is also
        http://cloud.fedoraproject.org/fedora-20.i386.qcow2
        Any image should work since this template
        does not ask the VM to do anything.
      constraints:
        - custom_constraint: glance.image
          description: Must identify an image known to Glance

    network:
      type: string
      description: The network for the VM
      default: private

    vol_size:
      type: number
      description: The size of the Cinder volume
      default: 1

  resources:

    my_instance:
      type: OS::Nova::Server
      properties:
        key_name: { get_param: key_name }
        image: { get_param: image }
        flavor: { get_param: flavor }
        networks: [{network: {get_param: network} }]

    my_vol:
      type: OS::Cinder::Volume
```

```
    properties:
      size: { get_param: vol_size }

  vol_att:
    type: OS::Cinder::VolumeAttachment
    properties:
      instance_uuid: { get_resource: my_instance }
      volume_id: { get_resource: my_vol }
      mountpoint: /dev/vdb

outputs:
  instance_networks:
    description: The IP addresses of the deployed instance
    value: { get_attr: [my_instance, networks] }
```

该模板使用 HOT DSL 编写，这里是参数列表：

- key_name
- flavor
- image
- network
- vol_size

这里是资源列表：

- my_instance
- my_vol
- vol_attr

这里是栈输出(HOT DSL 提供一个功能集来检索特定资源属性或获取部署参数)：

- instance_networks

让我们弄清楚该模板做了什么。它部署一台虚拟机，提供一个块存储(数据卷)，将卷附加到虚拟机，并且作为输出部分，它返回虚拟机的 IP 地址。作为 OpenStack 运营商，让我们看一下 Heat 的架构(见图 3-1)：

- heat-api 是 OpenStack 本地支持的 REST API。该组件通过将 API 请求经由 AMQP 传送给 Heat 引擎服务来处理 API 请求。
- heat-api-cfn 是兼容 CloudFormation 的 REST API。
- heat-engine 提供主要的编排功能。

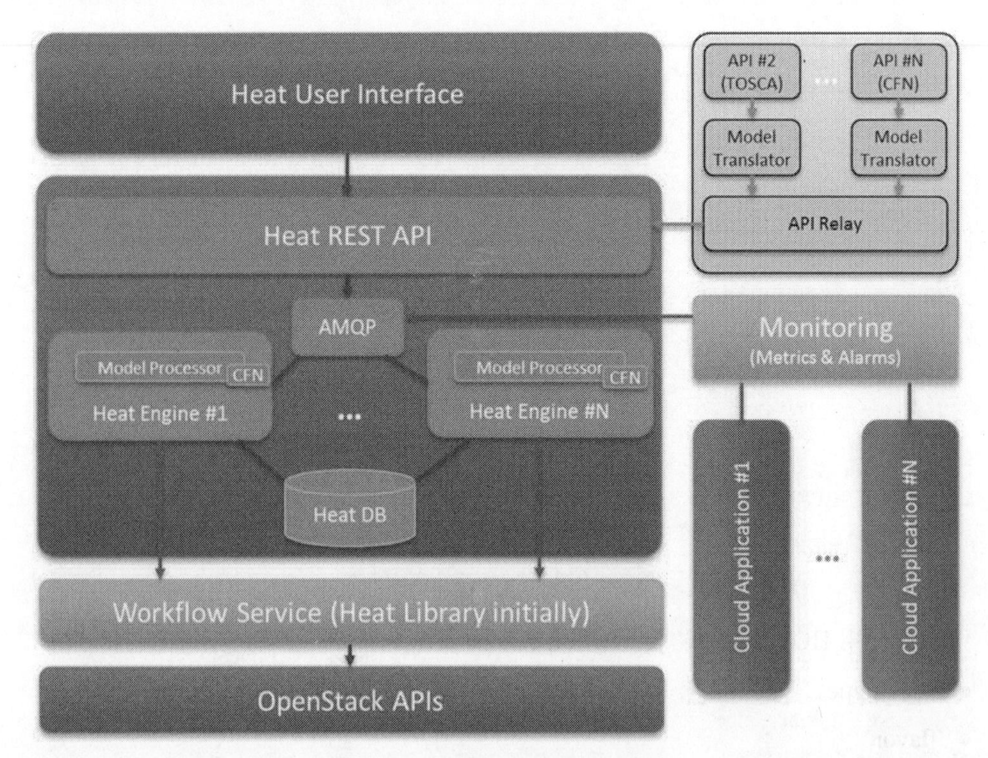

图 3-1

本章不是关于部署 Heat 到 OpenStack 环境的可操作的最佳实践。你已经了解 Heat 能做什么以及如何做。如果对开发或使用 Heat 感兴趣，那么你有必要学习它的 API 和技术栈。

让我们总结一下关于 OpenStack 编排服务所学的内容。它有一个丰富的模块生态系统，可以方便所有栈资源及其生命周期各个阶段的自动化，大大缩短了许多 IT 需求/项目推向市场的时间。Heat 是基于 OpenStack 的云的领先的编排工具，并且是 OpenStack 正式版本发布的一部分。伴随强大的企业支持和大量的持续贡献，Heat 正在迅速成为 OpenStack 私有云和公有云的首选工具。

3.2 OpenStack 数据库即服务：Trove

我们已经讲述了云编排及其如何实现对业务的帮助。让我们花些时间看一下在云中和云外创建应用的差异。作为软件架构师，关于应用应该如何部署及如何工作，尤其是在云基础设施上，你需要给每个人一个基本的思路。一般情况下，应用需要一个持久性存储——数据库。那么，云能够给你什么呢？云数据库或只是基础设施即服务(IaaS)？

3.2.1 云数据库作为软件定义存储(SDS)的用例

你可能不知道 Heat 在其 DSL 的帮助下能否成为定义存储的软件。这是真实的，但是能够以一种非常具体的方式管理存储是很有必要的。例如，假设软件能够提供一个软件定义的存储环境，它也可能为一些诸如重复数据删除、复制、群集、容错、精简配置、快照和备份的特征选项提供策略管理。

对 Heat 来说，提供所有这些功能是相当复杂的，因为它会使云编排非常复杂且难以维护。这就是为什么你应该使用 Heat 或者实现你自己的编排功能，因为一个自定义服务引擎将会做存储配置。在 OpenStack 中，你会发现很多服务进行存储配置：Cinder、Swift 和 Manila。

说到持久化存储，作为开发者，你需要拥有将数据库作为软件定义存储的特定用例交付的能力。使用 SDS 的概念进行数据库交付，并在场景之后进行部署和维护，这样的服务是非常好的。

云数据库是通常运行在云计算平台(就我们而言是 OpenStack)上的数据库，并提供有限的访问，允许用户通过其原生 API 与数据库交互。在很长一段时间，没有云数据库，因此数据库使用者试图用他们自己的方式来处理。有两种常用的部署模型：使用预先配置的虚拟机镜像，用户可以在云上独立运行数据库，或者他们可以购买访问在不同云平台上运行的专有解决方案。那么最后一种方法存在的问题是什么？

3.2.2　OpenStack 和 Trove

使用运行在不同云平台上的专有解决方案是存在问题的。购买一个产品是不够的，因为在一定时期内产品需要技术支持。如果你知道软件服务和软件产品业务模型，你一定会选择提供数据库的服务而不是开发和技术支持自定义解决方案。这是因为虽然产品因其一次性购买和不含维保似乎总是花费较低成本，但每一个问题都会成为你个人的头痛之处，而对产品的维保一般比产品本身的成本更加昂贵。另一方面，购买服务订阅因其访问时间的限制会花费更少，但是对软件服务支持来说，可以交给服务提供商来处理。

第一个云数据库服务是由 Amazon AWS 提供的，称为 Amazon RDBS。它只是关系型的，而非 NoSQL 的，当 RDBS 发布的时候，NoSQL 还未普及，因此 Amazon AWS 客户需求完全由 SQL 数据库满足。目前，RDBS 仍然存在并流行，并且几乎没有什么改变(增加了一些新的数据库产品，它们是 MySQL 模式的复制)。

企业需要群集和群集数据中心，并且这个需求越来越迫切。因此，我们的需求是：我们需要新的 SQL/NoSQL 解决方案，我们需要群集，我们需要自动化管理操作(例如 SDS 功能)，并且最终将它们集成到 OpenStack 中。因此，OpenStack 不能提供这些功能，主要一点是，将存储作为使用某种特定语言的数据库的一种方式。以下有几种方式可在 OpenStack 中实现数据库安装：

- Firstboot.d 或 cloud-init
- Chef
- Puppet
- Ansible
- 使用 Fabric 执行配置脚本

部署数据库很容易。但是自动化管理任务的时间成本呢？如果你选择了这条路径，最终你将以耗时费钱而告终，因为你需要不断更新脚本以满足新的需求。

显然，企业客户喜欢消费服务和资源而不是维护它们。然而，就SDS而言，定制的和非常具体的解决方案不一定适用，因为SDS DSL是非常灵活的。因此，我们需要一个符合SDS概念的数据库服务。让我们回到2012年。Rackspace和HP决定合作并为OpenStack数据库服务实现这样一个服务：Trove。

在描述 Trove 概念之前，请记住 Trove 不是一个数据库。即使它被定义为数据库即服务，Trove 仍然不是一个数据库。Trove 是一个工具，它在云环境中交付和管理数据库实例。OpenStack 的数据库即服务(Database as a Service，DBaaS)项目正在积极发展的过程中，但是它拥有真正的财富。这个服务设计为可以提供所有 SQL 和 NoSQL 数据库的功能，而没有处理复杂管理任务的麻烦。提供一个专门的服务来完全实现所有 SDS 管理操作是有必要的。其思想是为关系和非关系型数据库引擎提供一个可扩展的和可依赖的云数据库配置功能，并持续完善全功能和可扩展的开源框架(包括复制、群集、备份、恢复、用户/数据库 CRUD 操作)。

因此，Trove和Amazon RDBS的区别是什么？Trove引入了NoSQL，然而，从Juno版本开始，Trove引入了MySQL和Percona 5.5的复制，以及MongoDB 2.x.x的共享群集。

3.2.3　OpenStack DBaaS 详解

让我们来定义 Trove 是什么。云计算中有两种云数据库的定义：data source API 服务和 data plane API 服务。让我们仔细研究一下云计算的先驱 Amazon。Amazon AWS 提供两种不同类型的数据库服务：Amazon RDBS 和 Amazon DynamoDB(还有 SimpleDB、DynamoDB 的便宜版)。这两种服务都是数据库服务并且都处理数据库相关操作，但是采用两种完全不同的方式：

- Amazon RDBS：用单个账号部署数据库的 data plane API 服务，它最适合按需部署。
- Amazon DynamoDB：在预先部署的 NoSQL 数据库群集上创建 shema 实体的 datasource API 服务。

从这个角度看，Trove 不是一个数据库。Trove 是一个数据库实例交付服务。Trove 按需进行即时数据库部署。

在讲述 Trove API 之前，你需要了解 Trove 适用的几个术语：

- Datastore：描述 datastore versions 集的一个数据结构，它包含：
  - ID：简单的自动生成的 UUID。
  - Name：用户自定义属性；datastore 的实际名称。
  - 默认 datastore Versions ID
  - 示例：Mysql、Cassandra、Redis 等。
- Datastore Version：描述绑定到 datastore 的特定数据库版本的数据结构，它包含：
  - ID：简单的自动生成的 UUID。

- Datastore ID：关联到 datastore。
- Name：用户自定义属性；数据库版本的实际名称。
- Datastore manager：用于 datastore 管理的 trove-guestagent 管理器。
- Image ID：指向特定的 Glance 镜像 ID。
- Packages：部署到虚拟机 datastore 上的数据库发布包。
- Active：一个 boolean 类型的标志，定义一个版本能否用于实例部署。
- 示例：Name-5.6
- Packages：mysql-server=5.5，percona-xtrabackup=2.1

因此，这两个术语都是用来描述应该部署哪一个数据库 flavor 版本。

另外，还需要知道应该使用哪个镜像。遗憾的是，Trove 因其架构特性而不能与纯粹的云镜像协作——每个 Glance 镜像都应该包含 Trove 的代理(用来管理数据库实例的一个 RPC 服务，并安装在该实例上)。关于 Trove 如何创建镜像的更多信息，请查看这个文档：https://github.com/openstack/trove/blob/master/doc/source/dev/building_guest_images.rst。

现在继续来看 Trove API 以及用途：

- 数据库实例管理(在所支持的 datastore 内)
- 数据库备份/恢复(对于 MySQL 和 Percona 也支持创建增量备份)
- Post-provisioning 配置管理
- 群集(从 Juno 版本开始引入 MongoDB 2.x.x，VerticaDB)
- 复制(MySQL 和 Percona)
- 用户/数据库 CRUD 操作(注意，本书编写的时候，并非所有 Trove 支持的 data-store 驱动能够提供此功能)

让我们详细看一下 Trove 的工作流以及实例配置过程中涉及哪些 OpenStack 服务。图 3-2 展示了比较重要的 Trove 元素。

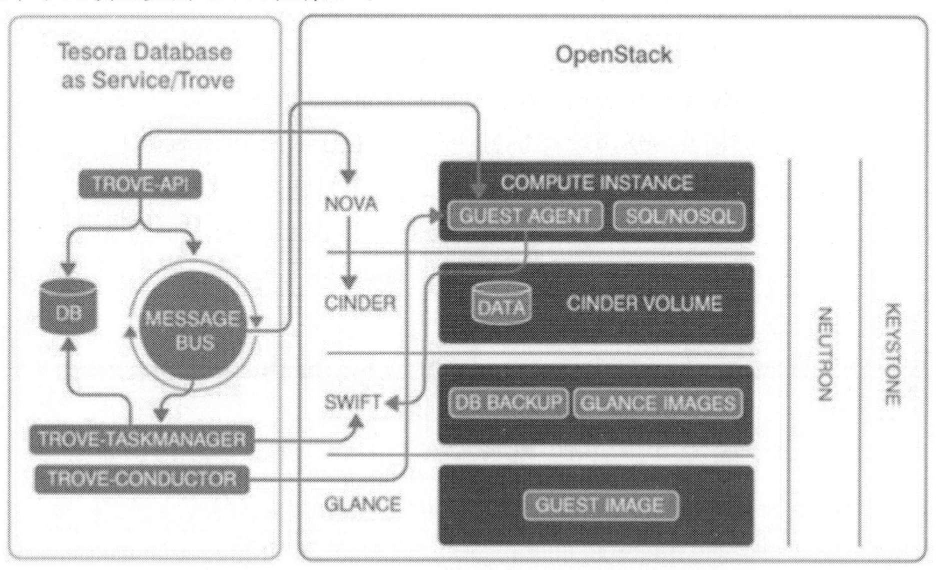

图 3-2

有必要解释一下当用户向Trove提交实例配置任务时会发生什么事情。首先，我们必须处理如何将块存储附加到一个新建实例。因此，没有裸机(告别Oracle及其许可证)和容器。其次，为了进行配置，Trove需要带有附加软件的特殊镜像，这一点本章稍后讲述。

因此，每次用户创建实例时，Trove 会做以下事情：

- Nova 虚拟机引导启动
- Cinder 块存储配置

一旦虚拟机和卷配置就绪，Trove 会发送一个 AMQP RPC 消息至部署在虚拟机上的 Trove 代理来启动数据库。因此，如果该数据库未安装，代理将启动安装并进行额外配置，并报告该数据库已经就绪。你可能注意到 Trove 自身进行编排，这是开发社区的决定。目前 Trove 尚不支持完全基于 Heat 的配置。图 3-3 中显示了使用 python-troveclient 调用 Trove 来创建实例的命令行界面。

```
$ trove create source-mysql-database 2 --size 2 --datastore mysql
+-------------------+--------------------------------------+
| Property          | Value                                |
+-------------------+--------------------------------------+
| created           | 2015-08-07 10:57:46                  |
| datastore         | mysql                                |
| datastore_version | 5.6                                  |
| flavor            | 2                                    |
| id                | f90de567-397c-4d87-a0f1-3f3986ea6784 |
| name              | source-mysql-database                |
| status            | BUILD                                |
| updated           | 2015-08-07 10:57:46                  |
| volume            | 2                                    |
+-------------------+--------------------------------------+
```

图 3-3

1. 数据库备份

现在来看一下实例备份过程是如何实现的。当用户提交备份请求时，它会请求其代理执行备份程序。根据备份实现机制，备份可以在线或离线进行。所以，代理会使用原生数据库工具来执行备份(MySQL flavor 的 xtrabackup、Cassandra 的 nodetool 等)。一旦备份完成，代理会将其打包归档并发送至远程 bucket 存储：Swift。出于安全的考虑，代理会使用 AES 分组加密算法对备份数据进行加密。但是存在一个问题。任意部署中的所有实例使用同一个 AES 密钥。图 3-4 是使用 python-troveclient 调用 Trove 进行备份的命令行界面。

```
$ trove backup-create f90de567-397c-4d87-a0f1-3f3986ea6784 --description backup_for_f90de567-397c-4d87-a0f1-3f3986ea6784
+-------------+-----------------------------------------------------------------------------------------+
| Property    | Value                                                                                   |
+-------------+-----------------------------------------------------------------------------------------+
| created     | 2015-08-07 10:57:46                                                                     |
| datastore   | {'version': '5.6', 'type': 'mysql', 'version_id': '5c0a45c2-e911-4ef3-a3a6-e027cba4bd6f'} |
| description | backup_for_f90de567-397c-4d87-a0f1-3f3986ea6784                                         |
| id          | 1948f7b6-e369-47de-8688-3bfd8fe24b36                                                    |
| instance_id | f90de567-397c-4d87-a0f1-3f3986ea6784                                                    |
| name        | backup_for_f90de567-397c-4d87-a0f1-3f3986ea6784                                         |
| size        | 5.2                                                                                     |
| status      | BUILDING                                                                                |
| updated     | 2015-08-07 10:57:46                                                                     |
+-------------+-----------------------------------------------------------------------------------------+
```

图 3-4

2. Trove 实例恢复

实际上 Trove 实例恢复是一个有趣的操作。需要注意的是，数据只能恢复到一个新的 Trove 实例。因此，通过 Swift 上的备份进行实例配置和实例恢复是不同的。图 3-5 是使用 python-troveclient 调用 Trove 进行恢复一个新实例的命令行界面。

```
$ trove create source-mysql-database-restored 2 --size 2 --datastore mysql --backup 1948f7b6-e369-47de-8688-3bfd8fe24b36
+-------------------+--------------------------------------+
| Property          | Value                                |
+-------------------+--------------------------------------+
| created           | 2015-08-07 10:57:46                  |
| datastore         | mysql                                |
| datastore_version | 5.6                                  |
| flavor            | 2                                    |
| id                | c81f65a5-dc31-4d67-84bc-2bb44196f1cd |
| name              | source-mysql-database-restored       |
| status            | BUILD                                |
| updated           | 2015-08-07 10:57:46                  |
| volume            | 2                                    |
+-------------------+--------------------------------------+
```

图 3-5

3. Trove 实例配置管理

考虑到 Trove 是一个纯粹的 PaaS，在实例上不能访问除了数据库之外的其他服务，并且只有一种方式用来管理实例——通过 Trove API。其中一个可用的 API 端点是所部署的配置管理。对于不同类型的数据库，Trove 提供了修改不同类型数据库配置的功能。例如，在 MySQL flavor 中可以修改动态系统变量，而不需要将数据库置为维护模式，但是也有一些选项需要关闭数据库服务(datadir、logging 等)。图 3-6 是一个在数据库部署之后修改其配置的例子。

```
$ trove configuration-create configuration_for_f90de567-397c-4d87-a0f1-3f3986ea6784 \
'{"local_infile": 0, "connect_timeout": 120, "collation_server": "latin1_swedish_ci"}' --datastore mysql \
--datastore_version 5.6 --description configuration_for_f90de567-397c-4d87-a0f1-3f3986ea6784
+------------------------+------------------------------------------------------------------------------------+
| Property               | Value                                                                              |
+------------------------+------------------------------------------------------------------------------------+
| created                | 2015-08-07 10:57:46                                                                |
| datastore_name         | mysql                                                                              |
| datastore_version_id   | 5c0a45c2-e911-4ef3-a3a6-e027cba4bd6f                                               |
| datastore_version_name | 5.6                                                                                |
| description            | configuration_for_f90de567-397c-4d87-a0f1-3f3986ea6784                             |
| id                     | b9334d6b-b6d6-4d5e-97cc-217c2b722502                                               |
| instance_count         | 0                                                                                  |
| name                   | configuration_for_f90de567-397c-4d87-a0f1-3f3986ea6784                             |
| updated                | 2015-08-07 10:57:46                                                                |
| values                 | {"local_infile": 0, "connect_timeout": 120, "collation_server": "latin1_swedish_ci"} |
+------------------------+------------------------------------------------------------------------------------+
```

图 3-6

因此，你可能会认为在配置管理的帮助下，可以轻松地创建 MySQL flavor 的副本组。事实上，Trove 开发人员已经实现了这一点，如图 3-7 所示，显示了 Trove 如何通过其 API 实现复制。

```
$ trove create source-mysql-database-replica 2 --size 2 --datastore mysql --replica_of f90de567-397c-4d87-a0f1-3f3986ea6784
+-------------------+--------------------------------------+
| Property          | Value                                |
+-------------------+--------------------------------------+
| created           | 2015-08-07 10:57:46                  |
| datastore         | mysql                                |
| datastore_version | 5.6                                  |
| flavor            | 2                                    |
| id                | 34b9e5df-f843-418e-9385-97c38f5ac011 |
| name              | source-mysql-database-replica        |
| replica_of        | f90de567-397c-4d87-a0f1-3f3986ea6784 |
| status            | BUILD                                |
| updated           | 2015-08-07 10:57:46                  |
| volume            | 2                                    |
+-------------------+--------------------------------------+
```

图 3-7

说到复制，作为复制功能的一部分，Trove 提供了“slave to master”的能力，反之亦然(例如，demotion)。出于稳定性和可预测性，Trove 决定以手动模式来实现该功能，以便让用户决定他们是否想要使用该功能。另外，从 Kilo 版本开始，Trove 能够以两种方式执行复制(对 MySQL flavor 来说)：常规的 binlog 复制(binlog 通过远程存储传输，默认是 Swift bucket)和 MySQL 5.6 以上版本支持的一种新类型的复制——GTID 复制(更多信息请参考 https://dev.mysql.com/doc/refman/5.6/en/replication-gtids-concepts.html)。

关于 Trove 群集配置没有太多需要说明的。基本来说，Trove 创建一系列特定 datasotre 及其版本的单一实例。一旦创建完成，Trove 开始为每个实例执行操作以将其加入群集。这些操作常常遵循群集创建的行业最佳实践(特定于每种 datastore)

3.2.4 Trove 架构

如 OpenStack 大部分服务，Trove 自身分为多个服务：

- trove-api：提供支持 JSON 的 REST API 的服务，用来配置和管理 Trove 实例。
- trove-taskmanage：提供诸如创建实例、管理实例生命周期之类的重量级服务，以及在数据库实例上执行操作。
- trove-conductor：提供在 guestagent 和 Trove 后台之间的中间件服务。
- trove-guestagent：一个虚拟机上的服务，在其生命周期中管理数据库实例。

图 3-8 展示了 Trove 架构是如何组织的。

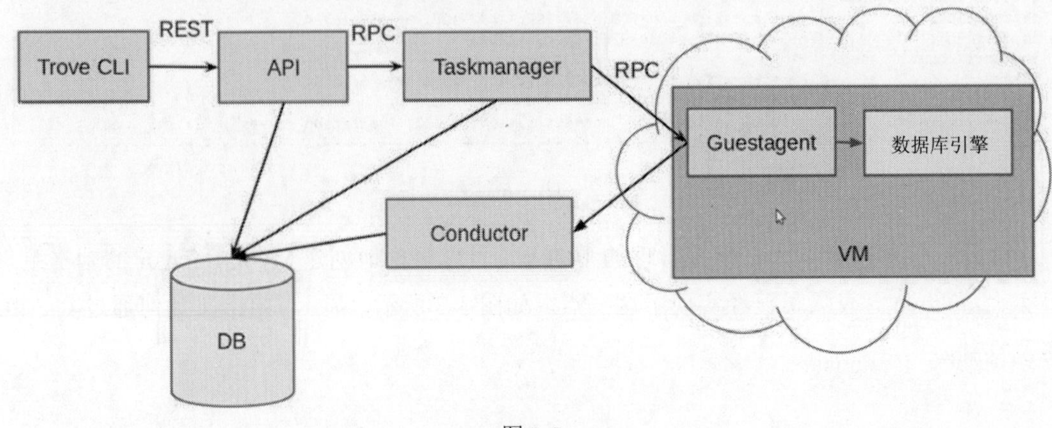

图 3-8

在云之外的数据库世界中，有必要将一些任务自动化，例如日常备份，但是 Trove 确实尚未实现这一点，因为选择何种技术实现，或者从头开始实现是一个艰难的抉择。实现自动化调度器(scheduler)是在 Trove 的路线图当中，但是何时会实现还是个未知数。因此，抛开开发社区的计划，很明显未来 Trove 的架构将被 Scheduler 扩展。以下是 Trove 未来的架构图——图 3-9 明确描述了 Scheduler 将如何集成到 Trove 架构中。

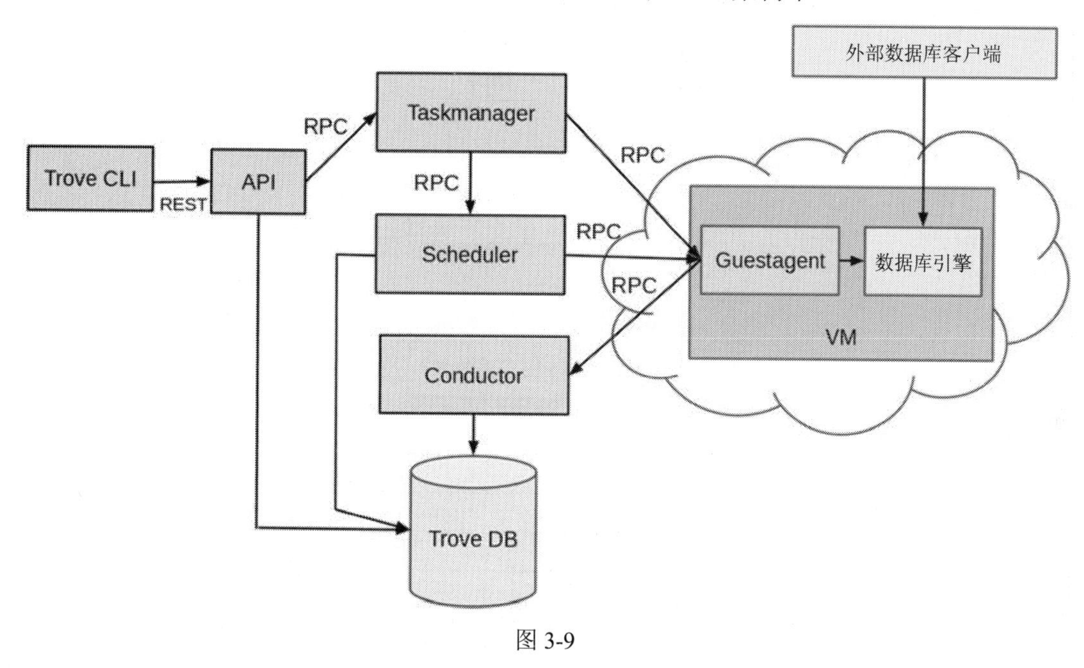

图 3-9

这里是关于 Trove 的最后一点说明。Trove 的想法是创建一个有竞争力的服务(针对 Amazon AWS 和其他专有解决方案)并将其作为 OpenStack 生态系统的一部分。的确，它支持多种数据库 flavor 及其版本(Trove 术语是带有 datastore version 的 datastore)的创建。并且，它为支持的数据库提供备份/恢复。它可以为 MongoDB 和 VerticaDB 创建群集。但是所有这些功能都是企业需要的吗？答案是肯定的。这些所支持的数据库是企业要求和想要的吗？很遗憾，不是。Trove 只能部分满足客户需求(至少早期版本如此)。因此 OpenStack 必须广泛支持所使用的数据库，例如 Oracle 12*c*、MySQL 及其他。

3.3 DNS 即服务：Designate

一般情况下，能够快速部署虚拟机和应用是 OpenStack 和云计算的承诺。然而，如果它仍然需要电话或服务凭证来为应用创建域名服务(DNS)条目的话，将失去很多自动化效能。这就是 DNS-as-a-Service 起作用的地方。它使得应用部署脚本可以根据需要创建 DNS 区域和记录。Designate 是 OpenStack 中实现该服务的项目。

3.3.1　了解 Designate 架构

正如其他 OpenStack 服务，Designate 包含若干组件：API 端点(designate-api)、集中式逻辑控制器(designate-central)、内部 DNS 服务器(MiniDNS 或 designate-mdns)以及管理器(designate-pool-manager)来配置下游的、面向外部的 DNS 服务器。还有一个可选服务 designate-sink，它监听消息队列并基于触发事件按需执行其他动作(见图 3-10)。

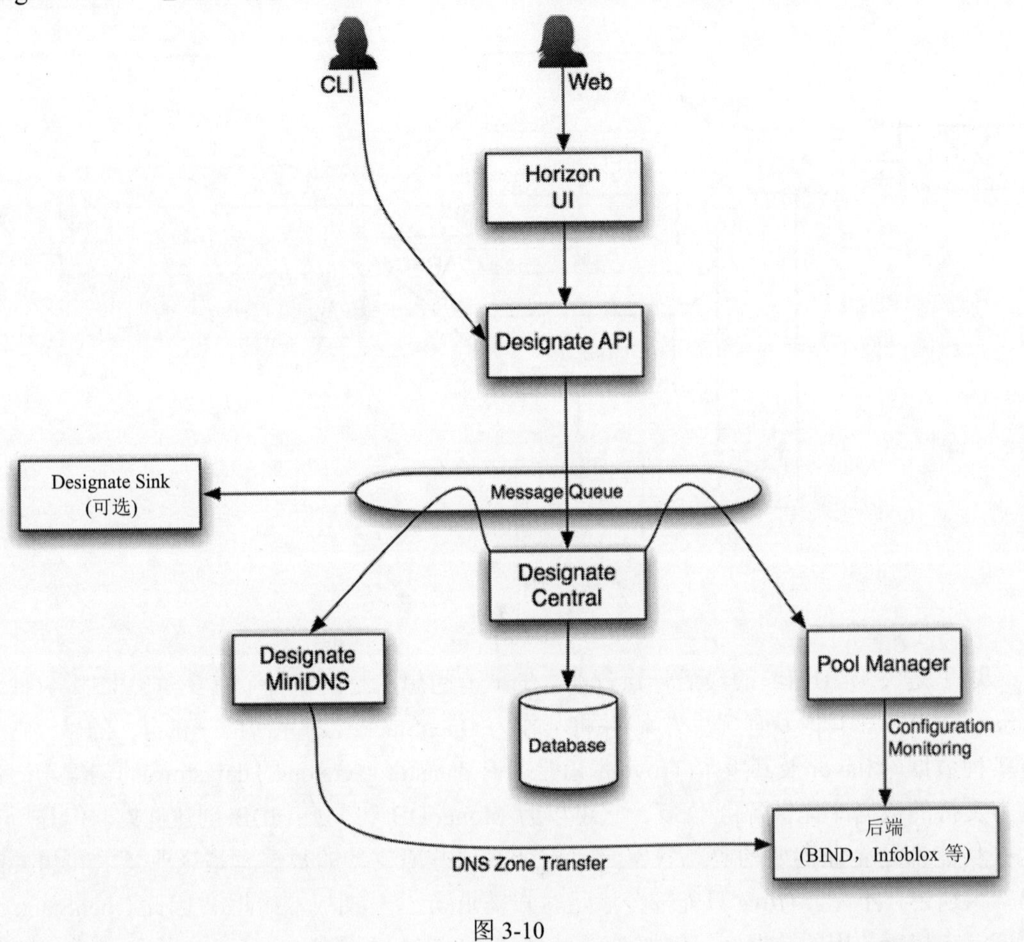

图 3-10

Designate 可以使用多种开源和商业的 DNS 服务器作为后端，例如 BIND、Infoblox 或 PowerDNS。这对租户是不可见的——租户只能通过访问 API 来创建和管理在这些区域中的域(zone)和记录。每个服务都通过“后端”插件访问，该插件包含与 DNS 服务器交互的特定逻辑。

当用户通过 Horizon、CLI 客户端或直接通过 API 发起请求时，该请求将发送至 designate-api 服务。该服务处理入口 HTTP 连接并提供 REST API。它通过消息总线与 designate-central 通信。

Designate-central 服务是活动的枢纽，协调所有为实现 API 请求所需的动作，并管理 Designate 数据的持久性存储。当 API 调用请求在其中一台后端 DNS 服务器上进行配置更改时，designate-central 将发送一个 RPC 请求至 designate-pool-manager，它可以修改 DNS 服务器的配置。具体采取哪些操作将取决于后端插件。

当域或记录被新建或修改时，designate-central 也将会更新 designate-mdns 服务。它是一个小型 DNS 服务器，为所有托管到 Designate 的 DNS 域担任“hidden master”服务器的角色。这意味着它对 DNS 域有权威的控制，但是直接提供 DNS 域的 NS 记录——换句话说，它是不可见的。客户端不能直接访问它(外部同样不可访问)——只有其他的域名服务器可以访问它。真正服务客户端请求的后端 DNS 服务器把 designate-mdns 作为主域名服务器，并接收来自它的 Zone Transfer。DNS Zone Transfer 是在服务器之间共享 Zone 数据的标准 DNS 协议。

3.3.2　使用 Designate

作为应用开发者，与 Designate 的交互主要是创建、修改和删除域和记录。让我们看一下 Designate CLI 客户端以及如何使用它。像其他服务一样，客户端名称就是服务名称，designate。它使用与其他 CLI 客户端同样的一致的认证方法。它也提供了所能创建的实体数量的限额(quota)。

```
$ designate quota-get tenant-id
+-------------------+-------+
| Field             | Value |
+-------------------+-------+
| domains           | 10    |
| domain_recordsets | 500   |
| recordset_records | 20    |
| domain_records    | 500   |
+-------------------+-------+
$
```

domains 条目就是你所期待的——它指诸如 examle.com 之类的域名。很有可能的是，你将被限制在组织域中创建子域(例如，foo.example.com 或 foobar.example.com)。为了能够理解该 quota 列表中的条目，你需要对 DNS 有所了解。

完全限定域名

Designate 要求使用完全限定域名(FQDN，Fully Qualified Domain Name)——包含尾部字符“.”。严格来说，不含该字符的名称不是完全限定域名，Designate 会强制要求这一点。

对每一个域名，DNS 都会维护其记录(record)。每个记录包含类型、名称、存活时间(TTL 值)和其他相关数据。然而有多种记录类型，Designate 在 Kilo 版本中支持 9 种常见类型，如表 3-1 所示。记住，每条记录也有一个名称——这里的示例就是根据名称查询的结果。

表 3-1

Record 类型	示　例	描　述
A	10.0.0.1	IPv4 地址记录
AAAA	2001:DB8::1	IPv6 地址记录
CNAME	foo.example.com.	规范名称——用来将一个域名映射到另一个域名。例如，如果有一个名为 bar.example.com 的 DNS A 记录，指向 10.0.0.1，那么可以创建一个名为 foo.example.com 的别名记录，指向 bar.example.com。(该资源真实的规范的名称)
MX	10 mail.example.com.	域的邮件交换服务器。邮件代理使用它来决定如何发送邮件至该域名下的邮件地址
NS	ns1.example.com.	域名服务器记录。NS 记录用来指定该域名由哪个名称服务器进行解析
SSHFP	1 2 a4b1a288…8821ab33ef	SSH 公共主机密钥指印。使用 SSH 时用来帮助验证主机信息
SPF	v=spf1 ip4:192.0.2.0/24 a -all	SPF(Sender Policy Framework)记录，用来帮助阻止垃圾邮件。能够指定规则过滤传入的邮件。它通常用在 TXT 记录当中
SRV	20 5 5060 sip.example.com.	服务定位记录。用来定位新的服务而不是像 MX 一样使用指定服务类型。参考 RFC 2782
TXT	Some example text.	任意文本，为人或机器提供说明

通常使用的记录类型是 A、AAAA、CNAME 或者 MX。部署某些应用时可能也会利用 SRV 记录来向机构的其他用户推广该应用服务的可用性。其余的记录类型主要被管理员使用或者用于特殊目的。

记录集(Record set)是一组记录，它们有同样的类型、名称和 TTL，但是数据不同。因此，可以用多个 IP 地址作为数据定义一个 A 记录集。其名称是查找资源时实际使用的名称。例如，当从 172.16.98.136 上的 DNS 服务器查找名为 blue.foobar.example.com 的地址记录(A 记录)时，可以在 Linux 上使用 host 命令。

```
$ host -t A blue.foobar.example.com. 172.16.98.136
Using domain server:
Name: 172.16.98.136
Address: 172.16.98.136#53
Aliases:

blue.foobar.example.com has address 10.1.0.100
$
```

在 quota 列表中，domain_recordsets 条目表示在一个域中可以拥有的 record set(例如，唯一类型/名称组合)的最大数量。recordset_records 表示在一个记录集中记录的最大数量。domain_records 条目限制了域中记录的总数。

使用 CLI 创建域名是简单而直接的，即使用 domain-create 命令。

```
$ designate domain-create --ttl 3600 --name foobar.example.com. ↵
  --email info@example.com
+-------------+--------------------------------------+
| Field       | Value                                |
+-------------+--------------------------------------+
| description | None                                 |
| created_at  | 2015-08-10T19:11:22.000000           |
| updated_at  | None                                 |
| email       | info@example.com                     |
| ttl         | 3600                                 |
| serial      | 1439233882                           |
| id          | 7254c2b3-187c-428e-974d-03bac08cb2af |
| name        | foobar.example.com.                  |
+-------------+--------------------------------------+
$
```

创建域名时必须指定域的邮件地址。同时也需要指定 TTL 值。该值告诉下游缓存域名服务器在刷新缓存之前保留数据的时间。该值以秒为单位。指定的时间越长，在整个 Internet 范围内更新域名解析记录的时间就越长。然而，如果指定太短的时间，会导致频繁查找域名解析记录，从而加重 DNS 服务器的负担。Designate 的默认值是 3600 秒或者说 1 个小时。

一旦创建好域名，就可以创建域名解析记录。当启动一台新的虚拟机时，可以为其创建一条 DNS 条目，以便云中的其他虚拟机可以通过域名而不是通过 IP 地址访问它。我们使用刚才的例子来创建一条域名解析记录，可以使用以下命令。

```
$ designate record-create --type A --name blue.foobar.example.com. \
                         --data 10.1.0.100 foobar.example.com.
+-------------+--------------------------------------+
| Field       | Value                                |
+-------------+--------------------------------------+
| description | None                                 |
| type        | A                                    |
| created_at  | 2015-08-10T19:18:59.000000           |
| updated_at  | None                                 |
| domain_id   | 7254c2b3-187c-428e-974d-03bac08cb2af |
| priority    | None                                 |
| ttl         | None                                 |
| data        | 10.1.0.100                           |
```

```
| id           | fc83692a-f484-41fa-81c8-25300a908f7b |
| name         | blue.foobar.example.com.             |
+--------------+--------------------------------------+
$
```

请注意，我们刚才讲的是“云中的其他虚拟机”。虚拟机 IP 地址在启动时通常是私有地址，因此云外的主机无法直接访问该地址。为了使外部系统能够通过域名访问虚拟机，需要将 DNS 条目与浮动 IP 地址而不是私有 IP 地址关联起来。

快速处理此问题的一个方法是内部和外部访问分别采用两个不同的域名。例如，如果想要机构中的其他人从云外部访问应用，可以创建一个 cloud.example.com 域和另一个 cloud-local.example.com 域。当配置一台虚拟机(或 Neutron 中的端口)时，在 cloud-local.example.com 域中创建一个条目。当把浮动 IP 地址与该虚拟机关联时，在 cloud.example.com 中为浮动 IP 地址创建一个分离的条目。那么，内部云应用可以访问 cloud-local.example.com 域，外部客户端可以访问 cloud.example.com 域。

以上方法是有效的，但它是一个非常繁琐的解决方案。DNS 通常使用的另一个方案称为 split-horizon DNS。在其配置中，DNS 服务器可以看到入站请求中的信息，例如它经由的 DNS 服务器 IP 地址，或者请求中的源 IP 地址。它使用这些信息来选择处理查询响应的 DNS view。DNS view 可以为同一请求定义不同的响应——每个 view 中定义一种响应。因此，可以在内部 view 中为 www.cloud.example.com 定义一个指向 10.1.0.100 的 A 记录，并在外部 view 中为 www.cloud.example.com 定义一个指向浮动 IP 地址的 A 记录。

遗憾的是，截止到 Kilo 版本，Designate 尚未支持 split-horizon DNS。然而，该功能在 Designate 路线图的规划当中，因此我们可以期待在将来的版本中看到它。

Designate 是自动化部署中强大和重要的组成部分。应用能够通过 DNS 入口立即访问对应用的快速启动是至关重要的。没有 Desginate 的情况下，OpenStack 中的应用部署将受到频繁进行的手动 DNS 条目创建过程的限制。

3.4　MAGNUM

OpenStack 生态系统中最新和最有趣的组件之一是称为 Magnum 的针对容器的项目。如果对容器不熟悉的话，可以这样理解，容器是一种类似虚拟机的虚拟化技术，只是它们没有虚拟机管理程序。关于容器是什么，容器与虚拟机的比较，及其提供了哪些挑战/解决方案，可以在第 6 章开头找到更详细和精确的描述。事实上，当在 OpenStack 环境中使用时，容器必须在典型配置的虚拟机实例上运行。然而，出于理解 Magnum 是什么及其为何如此重要的目的，容器可以被简单地看作不能够通过 Nova 或 Neutron 管理的另一种类型的虚拟机。

3.4.1　容器即服务

Magnum 通常被定义为在 OpenStack 中提供容器和容器管理的服务。它允许你以编程方式配置、删除容器而不依赖于特定的供应商，并且支持多租户的环境。

目前有许多专门提供容器编排系统的厂商。Google 的 Kubernetes 和 Docker 的 Swarm 是最为熟知的，它们都被 Magnum 所支持。诸如 Mesos 之类的最新产品尚不支持，但是在不久的将来很可能会实现对它们的支持。Magnum 背后的主要概念之一是不依赖任何特定供应商。取而代之的是，OpenStack 提供了一组厂商无关的 API 和接口，允许你选择自己的容器类型和编排系统。这可以防止厂商锁定并允许你更轻松地采用新出现的技术。

Magnum 在多租户方式下管理容器的功能意味着：在以 OpenStack 为后台的公有云中，Magnum 的功能可以扩展到用户。到现在为止，除了特定于厂商外，容器管理的所有流行解决方案为所有人提供对编排层以及其中每个容器的访问。在 Magnum 下，容器被租户隔离，其访问由 Keystone 支持。

3.4.2　使用 Flannel、Kubernetes 和 Docker 构建

Magnum 由多个不同的组件创建，但是你会经常听到，它建立于三种高深的技术之上：flannel、Kubernetes 和 Docker。了解其中每项技术的功能是有帮助的，但是正如你将看到的，把 Magnum 简单地看作这些技术的结合是不恰当的。

第一种技术是 flannel(第一个字母 f 小写)，它由 CoreOS 公司的员工发明。它是一个虚拟网络服务，可以给每个主机一个子网，用于在其上运行的容器。它在典型配置的主机服务器和该服务器上的多个容器之间提供了网络绑定，允许路由转发特定容器上的入站或出站流量。flannel 在 Magnum 中是透明的。没有用于交互的 flannel API，也没有任何 flannel 功能暴露在外。flannel 只提供 Neutron 无法提供的容器的网络连通。

第二种技术是 Kubernetes，它是由 Google 支持的开源项目，为 Magnum 提供 Docker 容器的编排驱动。像 flannel 一样，无法直接与 Kubernetes 交互。相反，可以和 Magnum API 交互，它使用 Kubernetes 配置、更改或删除 container、pod 和 bay。与 flannel 不同的是，通过使用其他驱动，例如 Swarm 或 Mesos，实际上可以使用不含 Kubernets 功能的 Magnum。

最后一种技术是 Docker。Docker 最有可能是你听说过的技术，但它也是最令人困惑的，因为其中比较复杂。当提到 Docker 时，它可以指一家公司。Docker 实际上提供了许多以容器为核心的产品，包括 Docker Hub(主机 registry 服务)和 Docker Swarm(前面提到的 Kubernetes 的备选方案)。Docker 引擎也经常作为 Docker 提及。Docker 引擎和其他一些工具一样，是一个运行时环境，它允许你构建和运行 Docker 容器。

对 OpenStack Magnum 来说，Docker 是一个基本的容器格式或软件，用来运行使用 Swarm 的主机的容器。Swarm 是这些 Docker 格式容器的编排驱动。未来 Magnum 也可能使用其他的容器格式，比如 Rocket，但是目前还不支持。

引用这些技术作为 Magnum 的基础并非是迷惑人的。它意在以最常见的方式解释 Magnum。关于 Magnum 如何使用的任何参考都看起来像表述如何使用 Kubernetes 和 flannel 部署 Docker 容器。事实上，它们仅仅是一系列技术选项中更简单的选择，OpenStack 和 Magnum 将其以一种简化的方式提供给用户使用。

3.4.3 使用 OpenStack 构建

除了使用 Keystone 进行认证和授权外，Magnum 实际上使用多个已讨论过的其他 OpenStack 项目进行构建。它使用 Heat 创建包含容器的 pod 和 bay，使用 Nova 作为其计算主干，使用 Neutron 处理容器外部网络的通信。这为云环境中容器如何实现提供了很大的灵活性。

例如，运行容器(或节点)群集的计算单元可以是 Nova 提供的任意服务器。这意味着容器可以在裸机服务器或虚拟机上提供。因此 Magnum 不仅提供厂商无关的容器，它也可以被厂商无关的计算支持。对于网络甚至存储也是一样。这是有意设计的，并且是 OpenStack 如何运行任意可用资源的一个很好的例证。

在 OpenStack 已有工具之上的构建提供了相似的接口，但是这并不是说使用 Magnum 与配置一台虚拟机并将其放在私有网络上没有区别。容器的特殊需求使其不适合 Nova，也使编排和配置是一个稍微不同的过程。

3.4.4 Bay、Pod、Node 和 Container

正如之前所提到的，Magnum 的所有容器运行在 Nova 提供的服务器之上。没有提及的是，这些容器实际上运行在一种称为 Bay 的东西上，它自身提供容器编排。根据驱动/厂商，Container 或 Pod 之后在这些 Bay 上以组为单位创建，称为 Node。图 3-11 更清晰地描述了这一点。

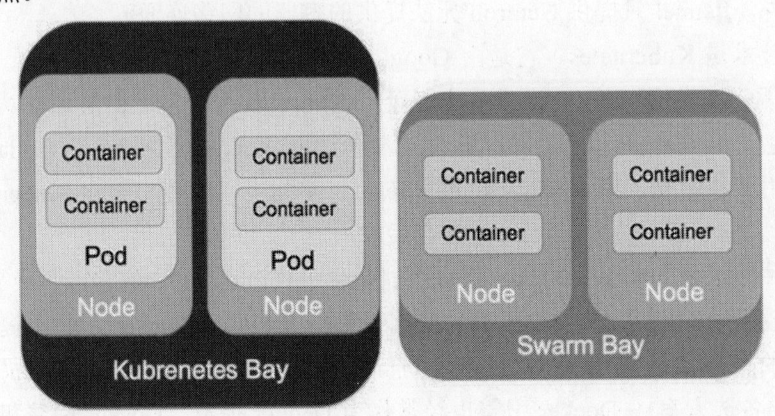

图 3-11

为了创建容器，首先要选择并创建一个 Bay 类型。这通常使用能够自定义的几种 bay model 的其中之一来完成，但很可能由系统本身提供。bay model 类似于创建虚拟机时的 flavor。对于系统中配置的每种厂商/驱动，可能有一种 bay model 可用，正如 OpenStack 中的大多数资源，bay model 可以使用命令列出。然而，目前来说，选择一种 bay model 本质上意味着在 Kubernetes 和 Swarm 之间做出选择。

不管如何选择，bay model 在 Heat 模板中指定并且通过 Heat 创建实际的 bay。然后可以通过 Heat API 访问或在 Horizon 界面中查看 bay 的 Stack 拓扑结构。

从这个角度看，Magnum API 做了接管。在 bay 中可以调用 Magnum API 来创建 Container(或 Pod)，像 Nova 管理虚拟机一样对其进行关机、开机和重启。这涵盖了基本操作，因此你应该对 Magnum 是什么及其如何工作有了大致了解。

3.4.5　Magnum 作为 OpenStack 的未来

面对诸如 Kubernetes 之类的项目，近来关于 OpenStack 的必要性在容器社区有很多质疑。毕竟，Kubernetes 和 Docker 都提供了近乎完整的编排解决方案。

之前已经提到一些选择 OpenStack 作为解决方案的原因。多租户和厂商无关的 API 都是非常可取的特性。不需要深入学习一些诸如 flannel 之类更深奥的技术也是一大亮点。

但是最大的亮点是 OpenStack 正在试图构建一个不会过时的平台，而 Magnum 可能成为 OpenStack 未来的很大的一个组成部分。容器是一种优秀的技术，但是它们是那些快速变化的解决方案之一。像其他任何新技术一样，最初的赢家往往是长期的输家，因此对任何一个容器厂商/格式/平台做深入引进还是比较冒险的。由于很大程度上的供应商无关特性，在 Magnum 上押注是风险很低的。例如，从 Kubernetes 变换到 Swarm 而无须更改系统部署是一个很大的优势，虚拟机很可能是未来多年蓝图的重要组成部分，而容器可能还停留在当下。

3.5　应用即服务：Murano

从云用户的角度看，因为 OpenStack 有自己的编排器而使得用户体验更加坚实。它做了很多改进，但是由于 Heat 允许描述基础设施的部署方式，其中具体的限制导致云应用的集成过程太过复杂。因此，即便使用最新的 Heat HOT DSL 云，用户仍然可以创建特定的配置，但是编写模板将成为一个噩梦。

因此，为了改善用户体验，并为云用户部署和维护云应用提供更多的灵活性，社区决定实现一种新类型的 OpenStack 服务，它将使用 Heat 作为部署工具，Heat 提供了 API，以允许你使用相同的环境模板定义应用。

3.5.1　Application Catalog

Murano 提供一种方式使得第三方应用和服务运行在虚拟机上，或者甚至将外部服务作为 OpenStack 自身的服务。这些应用可能是一个简单的拥有自动伸缩和自我编排(Heat 功能)功能的多层应用。从第三方工具开发者的角度来看，application catalog 提供一种方式，来发布应用，包含部署规则和需求、建议配置、输出参数和计费规则。从用户的角度来看，

application catalog 是一个查找和自助配置第三方应用和服务的地方，并将其集成到他们的环境当中，包括计费成本。

Application Catalog 服务用来简化在 OpenStack 上创建应用或服务的过程。在任何环境中安装第三方服务和应用都是困难的，但是 OpenStack 环境的动态特性使得这个问题更加复杂。Murano 旨在解决这个问题，它在第三方组件和 OpenStack 基础设施之间提供了一个额外的集成层。该集成层使其能够在一个控制平面同时提供基础设施即服务(IaaS)和平台即服务(PaaS)。对用户来说，该控制平面是一个接口，从该接口可以配置一个完整的基于云的全功能应用环境。Application Catalog 服务直接或通过编排器(OpenStack Heat)间接集成到所有 OpenStack 组件中。Ceilometer 服务收集使用信息，在计费规则处理期间 Murano-API 使用该信息来核算计费信息。Murano API 会向管理(CRUD)服务暴露 API 调用以进行部署。服务管理员用户界面会使用该 API 简化服务管理。

3.5.2　Application Publisher

应用发布过程开始于一个 Application Publisher 创建一个新的应用描述并发布到 Application Catalog。一旦应用被上传，根据其对 Application Catalog 的策略，它将对任意 Application Catalog 实例可用。Application Publisher 能够通过定义服务元数据、描述服务特性并指定所有部署应用及其依赖的必备步骤，来创建新的应用。开发者可以从头创建该定义或者使用并扩展已有的定义，类似于面向对象框架中的继承。Application Publisher 可以定义应用的外部依赖。依赖列表定义了在应用部署时必须在环境中就绪的其他服务(由它们的类型指定)。

Application Publisher 可以为应用定义附加使用条款。例如，开发者可以限制其使用率和扩展性(通过从另一个应用继承或引用)或指定计费规则。Application Publisher 可以在服务定义(Service Definition)中指定的另一个重要的参数是使用度量。这些使用度量定义了当服务实例运行时，Ceilometer 或其他 Murano 支持监控工具应该监控服务的哪些指标。然后 Application Publisher 可以指定这些度量使用的计费规则，实际上定义了用户的服务使用成本。服务定义不与任何特定的 OpenStack 部署或 Murano 实例绑定。开发者可以创建一个服务定义并将其发布到若干个 Service Catalog 实例上。

3.5.3　Application Catalog 管理员

一个已发布的服务/应用定义被 Catalog 管理员管理。Catalog 管理员是应用服务 Catalog 的维护者。它们能够在 Catalog 中手工添加或删除服务定义，或者担当版主角色允许或禁止其他 Application Publisher 发布他们的服务定义。管理员可以选择控制粒度。例如，管理员可以指定任何新的提交在对终端用户可用之前必须经过批准，或者在某个服务被批准之前，只对该 Application Publisher 关联的 OpenStack 租户可用。

除了 Application Publisher 定义的计费规则(如果他们定义的话)，管理员可以定义他们自己的计费规则。这使得 Catalog 管理员可以覆盖运行和维护云平台所涉及的费用。

Catalog 管理员配置基于角色的访问控制(Role-Based Access Control，RBAC)规则，该规则定义了哪些云用户(与租户关联)可以访问 Catalog 中的哪些服务，以及这些服务是否可以直接部署还是必须批准之后部署。

3.5.4　Application Catalog 终端用户

OpenStack 用户应该能够创建由一种或多种可用服务组成的环境。终端用户使用 Application Catalog 必须遵循以下几点：

- 用户浏览可用服务/应用列表并选择一种或多种来部署。如果所选的服务对其他服务有依赖且要求依赖服务在同一环境中部署，那么用户可以从环境中已经就绪的该服务类型的实例中选择一个，或者添加一个新的该类型的实例。依赖可能包含其他服务，或者包含诸如浮动 IP 地址或许可密钥之类的资源。添加到环境中的每个服务都必须正确配置；用户会被提示提供所有必需属性，输入会根据每个服务定义中的规则进行验证。用户完成环境配置后，就可以部署环境——如果他有适当权限的话。环境部署完成意味着实例已经创建完毕，服务已经部署完成并且所有必需的配置操作都已经进行并正确完成。
- 在某些环境中，终端用户将他们的部署需求提交给 IT 部门会更合适。然后 IT 部门可以全面检查定义，判断它们是否合理，并且批准、修改或拒绝该部署需求。如果请求被批准或修改，之后 IT 部门可以着手实施部署，而不是由终端用户来操作。
- 用户可以浏览任何他们拥有访问权限的已部署的环境，并且检查他们的状态。该检查包括判定哪些服务运行在哪些节点上，服务如何配置等。用户可以修改服务设置，添加新的服务或删除已有服务，验证配置修改(检查所有必需属性都设置了有效值，所有服务依赖都存在等)以及通过将这些更改传播到云平台来重新部署环境。用户也可以检查在其环境中所运行服务的使用度量，以及查看某个特定服务的可计费活动和总花费。

当说“一个应用”或“服务”时听起来不错，但是我们尚未定义一个应用或服务是什么，因此举几个可以部署到 Murano 中的应用的例子将会非常有帮助：

- Trove 提供的 RDBS 和 NoSQL 数据库
- Sahara 提供的 Hadoop 群集
- 通过 Heat 配置的 OpenShift PaaS 群集
- MS SQL 群集
- 通过 Murano 工作流安装的 Chef 服务器或 Puppet Master 节点
- 通过 Murano 工作流管理的 Nagios 或 Zabbix 监控

3.5.5　Murano 架构

按照 OpenStack 的最佳实践，Murano 设计包含几个松耦合的组件(见图 3-12)：

- murano-api，一个面向用户的 REST API 服务。
- murano-conductor，实际承担创建部署大部分工作的引擎。
- murano-agent，虚拟机上的服务，根据给定的应用描述进行软件部署和配置。
- 支持服务(MySQL)
- 部署引擎(Heat)

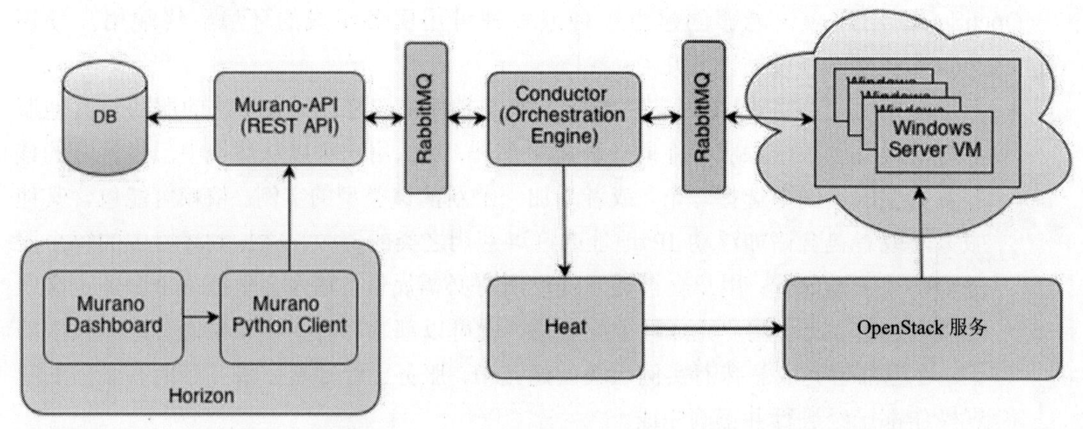

图 3-12

3.5.6 Murano 使用示例

Murano 作为一个 Application Catalog，旨在支持以不同格式定义的应用。其中一个例子是对 Heat HOT DSL 模板的支持。任何 Heat 模板都可以作为一个独立的应用添加到 Application Catalog 中。

应用在上传到 Catalog 之前，需要适当的准备和打包。Murano 命令行可以为你完成所有的准备工作。选择想要的 Heat 编排模板并执行以下命令：

```
murano package-create  -template WordPress_2_Instances.yaml
```

请注意 Murano REST 客户端在打包过程中允许指定附加参数：

- 应用名称(Name)
- 应用 Logo(在 UI 中使用)
- 应用描述(Description)
- 应用作者(Author)
- 输出(Output，保存应用包的本地存储路径)
- 全称(FullName)

但是，在表面之下 Murano 比所看到的做了更多操作；它根据提供的描述创建了一个清单文件，因此在我们的示例中，给定模板的清单文件看起来像下面这样：

```
Format: Heat.HOT/1.0
Type: Application
```

```
FullName: io.murano.apps.linux.Wordpress
Name: Wordpress
Description: |
 WordPress is web software you can use to create a beautiful website or blog.
  This template installs a single-instance WordPress deployment using a local
  MySQL database to store the data.
Author: 'Openstack, Inc'
Tags: [Linux, connection]
Logo: logo.png
```

一旦清单文件创建完成，在将应用包上传到 Murano 之前用户需要将其压缩打包。模板文件需要命名为 template.yaml，清单文件应命名为 manifest.yaml。然后用户需要打包一个后缀为.zip 或 tar.gz(或其他)的压缩文件。可以按如下方式进行应用导入：

```
murano package-import  -category Web -template wordpress.tar.gz
```

Murano 作为 OpenStack 的 Application Catalog 服务，关于用户如何使用其功能，以上仅仅是一个基本的例子。更多的用例和使用示例请参考 http://murano.readthedocs.org/。

从云用户的角度来看，Murano 是非常有用的。在 OpenStack 生态系统之外，可以参考 RedHat OpenShift，它是一个用于应用部署和管理的 PaaS 平台。也可以借鉴 Gigaspaces Cloudify，它是一个旨在为 OpenStack 企业客户/用户完全取代 Heat、Murano 和 Solum 的 PaaS 解决方案。但是 Murano 是 OpenStack 的正式组成部分，因此这意味着 Murano 是免费的并在任何 OpenStack 版本发布中提供。

3.6 Ceilometer：计量即服务

应用和系统需要监控。为了保证持续服务交付，需要了解应用或运行这些应用的基础设施是否发生了故障，以及是否承载了过高的使用率。Ceilometer 主要关注后者——监控云范围内的资源使用率，但是它也提供一些告警和通知功能。Ceilometer 监控可以用于容量规划、计费和退单，以及弹性伸缩。

3.6.1 Ceilometer 架构

Ceilometer 的主要组成部分包含 API、轮询代理、用于存储 Agent 结果的 Collector、Alarm Evaluators、Alarm Notifiers 和几种可能不同的后端数据库(见图 3-13)。

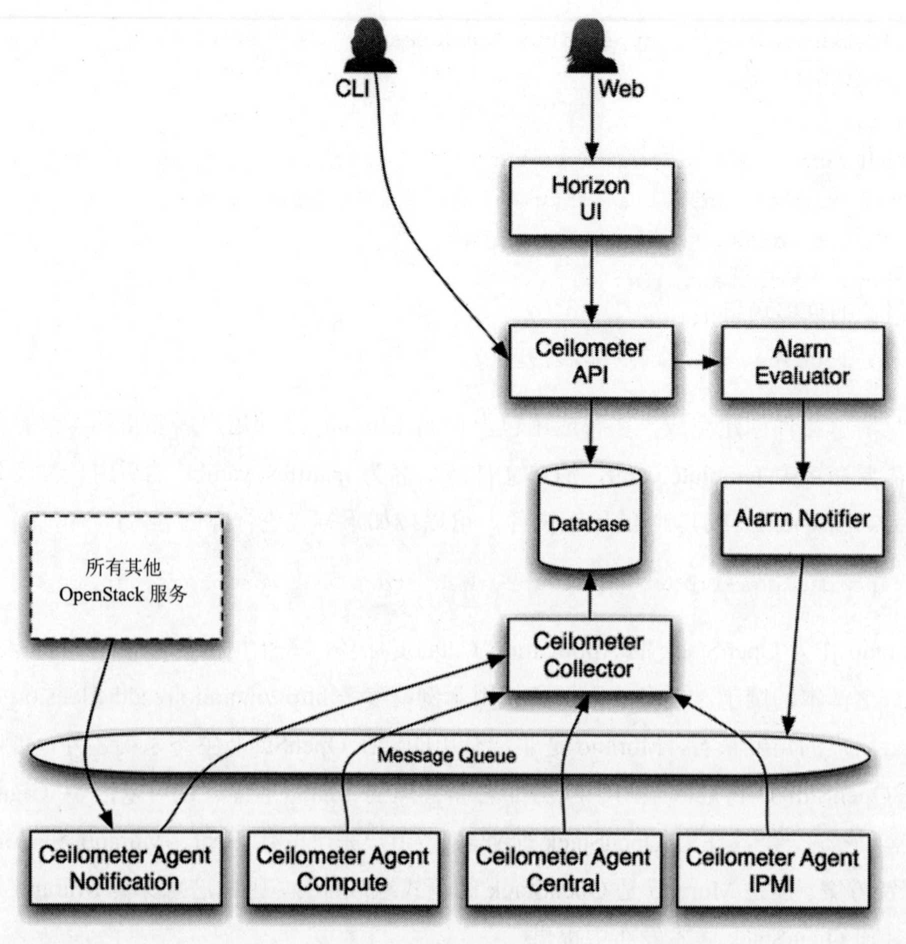

图 3-13

Ceilometer 代理有两种基本类型：通知接收和轮询。轮询代理从其他服务周期性地请求各种度量数据。例如，ceilometer-agent-compute 运行在某个计算节点上并从该计算节点的管理程序中收集客户机的 CPU 数据。通知接收代理只是简单地监听消息总线，并基于其他 OpenStack 系统的通知输出，收集它们的内部运行信息。

代理收集到的所有数据将回送至 ceilometer-collector，它是一个将数据转换并存储到后台数据库的守护进程(或守护进程的许多实例)。根据数据的不同类型，可能会使用几种不同的数据库。

ceilometer-alarm-evaluator 进程查看系统中的数据并评估其是否满足告警标准。这些标准是用户定义的并且是可配置的。一旦符合告警标准，ceilometer-alarm-notifier 将基于告警信息采取行动。可以是调用特定的 URL 或者某种用户指定的行为。

3.6.2　Ceilometer 弹性伸缩

在第 6 章，详细描述了通过结合来自 Ceilometer 的数据和 Heat 的编排功能，如何弹性扩展应用。简而言之，通过配置 Heat 和 Ceilometer 来监控一组资源(比如，虚拟机和 CPU

使用率)的 Ceilometer 度量指标。当达到一个阈值时，告警触发并反过来调用 Heat 来扩展(或缩减)实例数量。这是一个满足不确定需求的强有力的方法，同时优化了应用的成本开销。

3.7　小结

关于使用 OpenStack 作为配置服务器和网络的平台还有很多话题可说。这么做的话，本章中讨论的许多项目很容易打折扣。毕竟，在没有应用打包、容器或任何编排系统的情况下，我们大部分人都已经走了这么远。然而，这里介绍的技术生态系统的扩展旨在为 OpenStack 达成一个更大的目标。它试图做到更多，而不只是作为一个 IaaS 提供商。事实上，这些中的许多项目为 Web 开发的基本需求提供了解决方案。近来，不涉及数据库(Trove)、DNS(Designate)和告警(Ceilometer)的应用几乎是不常见的。但是这些功能还未脚本化并纳入编排，这些应用某种程度上还需要手动配置和部署。

从这个意义上来说，OpenStack 试图将开发和部署云应用的过程变得简单化不仅是可能的，而且是更简单和形式化的。另外，它将尝试为一般 Web 开发中某些更常见的任务提供脚本化的自助服务解决方案。仅仅因为这一原因，这些次要组件也值得学习并尝试。因此，在我们继续了解云应用之前，再回顾一下本章内容，看看这些项目是否为你经常遇到的问题提供了解决方案。它们十有八九能够解决你的问题，利用它们能够使你更具成效并使应用更加通用。

第Ⅱ部分

使用OpenStack开发和部署应用

- 第 4 章：应用开发
- 第 5 章：改进应用
- 第 6 章：部署应用

第 4 章 应用开发

本章内容

- 遗留应用
- 迁移到云的原因
- 迁移到云的方法
- 将应用转换为 OpenStack 应用
- 从头构建应用
- 开发堆栈
- 应用网络连接
- 应用安全
- 应用部署练习

本章将详细讲述如何将遗留应用系统从自我维护的专有环境中迁移到 OpenStack 环境。但是在深入学习之前，要保证我们对“遗留应用”的含义有充分了解。在计算机科学中，遗留应用是一些这样的应用，它们来自于比当前技术堆栈更早期的平台和技术，一般情况下，这些应用服务于企业中的关键业务需求。好了，我们开始吧。

4.1 将遗留应用转换为 OpenStack 应用

当“遗留”这个词出现在任何语境中时，首先想到的是我们在讨论一些很老的不能适应当前状态的东西。但是如果我们讨论的是软件，遗留应用不一定是由年龄来定义的。遗留可能是指缺乏厂商支持或系统容量不足以满足企业需求。遗留条件是指一个系统难以(或不能)维护、支持或改善。遗留应用通常不兼容新采购的系统。一个组织由于各种原因可能会继续使用遗留应用，比如以下几个：

- 它能够运行，为什么我们还要投资更多？
- 遗留应用较复杂而且文档不完善，简化它的定义范围比较困难。
- 由于复杂和单片的架构，重新设计成本较高。

4.1.1　迁移到云的原因

大多数情况下，没有维护窗口的话，在更新期间保持应用运行是非常复杂的。对于遗留应用来说，“更新”甚至意味着整个应用使用新的编程语言重写，并涉及新类型的服务(例如，从自我维护的数据库切换到云数据库)。这会使遗留应用在未来易于维护，因为你能够更新应用而无须全部重写，它允许企业在任何环境或操作系统中使用它们的应用。

的确，对于企业及其遗留应用来说，重新设计系统将花费很多精力(资金、时间和未知的附加价值)。

企业 IT 机构正在面临维护遗留应用的重要挑战：

- 专用软硬件的成本开销
- 拥有合格技能和经验的人力资源成本
- 无力支持现代的移动和快速数据计算需求

云计算可以帮助 IT 部门对遗留应用进行维护。遗憾的是，许多 IT 机构将改造遗留应用的前景看作是一个“不可能完成的任务”，因为前面的路途太“云化”以及需要承受的成本和风险太大。他们有一定的道理，但是有一些因素可以帮助我们确定遗留应用是否要迁移到云：

- **结构**：一个大型的单层单片的遗留应用不适合云。当应用模块化或负载分散到多个应用实例以允许高可用性和可伸缩性时，效率就得到了提升。
- **软件和硬件的依赖关系**：一组特定的芯片或诸如眼部扫描仪之类的外部设备可能不适合云。同样的道理适用于软件，因为遗留应用可能需要使用特定的操作系统或类库，它们既不能在云计算中使用也不能虚拟化。如果是这种情况，那么这样的应用肯定不适合云。
- **持久性和容错**：尽管应用拥有服务等级协议(SLA)，我们还是生活在一个所有东西都有可能中断的世界：网络中断、服务器宕机，以及多租户应用受到分布式拒绝服务攻击(DDoS)而不能提供正常服务。应用必须能够生存或足够健壮以应付任何给定的问题。

因此，很多公司听任自己忍耐遗留应用，因为迁移到云需要很大的工作量而不能够一步完成。最终，业务对 IT 交付能力失去信心，同时成本在没有产生额外价值和可见利益的情况下继续上升。让我们看一下从遗留应用迁移到云应用有哪些具体的优势。

首先，将遗留应用迁移到云降低了所有权总成本。主机维护的许可租赁费用是降低成本的一个方面。因为云进一步将基础设施商品化，改造主机应用并迁移至云平台后，由于无须自行维护环境，因此可以减少总体成本。

在云中，灵活性定义了遗留应用需求调整的速度，以满足不断变化的业务需求。对于环境交付而言，云平台与自我管理的硬件相比是完胜的。这是因为云环境的灵活性定义和配置速度。

从商业角度看，花费更少而获取更多总是最好的。对于云来说，因为云的用户无须自己管理硬件，所以硬件开销更少，因此他们可以避免电力花费和硬件升级。

对专有硬件而言，为了扩大规模，需要购买新的硬件，并对其进行设置和管理。在缩减规模的时候，机构内又会多余未使用的硬件。有了云解决方案，你可以扩展规模而无须购买硬件，所有这一切都节约了时间。

当然开发人员开发的代码必须在准生产环境中进行测试。对于专有硬件而言，IT部门有必要维护一个专门的开发/测试环境，它们有可能在同一台服务器上。然而在云上开发的话，只需要开发人员使用独立的账号工作，创建一个类似生产的环境用来运行新建代码或重现缺陷是非常容易的。

这些都是考虑将应用从遗留环境迁移到云的重要原因，云能够虚拟化并编排很多由IT部门执行的手动工作。这些手动工作包括网络配置、软件安装、虚拟机硬件定制、规模伸缩等。另外，不要忘记更新至适合部署到云的应用会成为企业客户正确的业务模式。

4.1.2 迁移到云的方法

因此，如果你的应用很幸运是一个适合部署到云的应用并且你已经说服公司将其从自我维护的硬件迁移到云，那么了解一些广泛应用的切换到云的策略非常重要：

- **直接迁移**：如果应用环境可以很容易地从遗留环境迁移到云，那么只需要直接迁移到云环境即可。
- **新建迁移法**(http://www.thegreenfieldorganisation.com/approach2.html)：从定义上，可以看到这是一个冒险的方式。这个重写整个遗留应用的方法是最昂贵和最危险的改造方式。然而，自动化的代码分析、代码转换、测试和云部署工具能够大大降低所涉及的风险和成本。因此，这种情况下，强烈建议在实施之前计算出真正的风险率。
- **增量替换法**：该方法要求每次替换一个应用单元。这种方式已经被证明符合成本效益且风险较小。遗憾的是，没有指南能够真正帮助你，因为大多数应用都是唯一的。

考虑到遗留应用基础设施和其他应用的所有集成——集成应用需要考虑云平台计算功能，并进行更新和测试。这是非常重要的一步，因为它对实现部署架构是有必要的。这一步一旦完成，就需要为每个应用组件定义硬件配置(云提供不同类型的业务模型：按资源需求付费或者按年/月订阅付费)。

下一步要考虑可访问性。这一步定义网络配置，暴露某些应用组件给其他服务访问。应用网络配置要与之前所采用的配置相同，这一点很重要，这样你将看到预期的行为，与通过遗留应用硬件所看到的一致。

云实例上的软件配置包含两步：软件安装(可在pre-provisioning或post-provisioning阶段完成)和后安装配置(post-provisioning)。云供应商提供操作系统的基本镜像，但是这不是应该使用的方式，因为在 pre-provisioning 阶段有更高级的软件安装方式可用。可以为虚拟机创建定制化镜像，而不仅仅是采用推荐镜像，有关该任务请参考 http://docs.openstack.org/developer/diskimage - builder/。此时我们已经准备好来部署云应用并进行后安装配置以启动应用。

最后一步是在环境运行期间使用监控系统跟踪其状态。以下是应该考虑纳入监控的简短列表：

- 应用组件的硬件配置
- 应用组件部署策略
- 网络配置
- 自定义镜像构成
- 环境部署
- 软件后安装配置
- 应用监控
- 测试应用

该列表可能不完整，但是如果将它与已经预定义的应用依赖列表合并起来的话，就应该能够看到完整的应用监控需求列表。一旦有了这个完整的列表，就可以开始从遗留应用到全套 OpenStack 应用的真正的转换(这里的转换意味着应用迁移策略到某个应用并进行实际的部署)。

4.2　从头构建应用

世界上不是每个应用都是遗留应用，因为它们中的许多应用都是在云开始流行的时候开发的，并且应用自身已经是硬件无关的，但不是为云构建的。因此迁移到云可能不能够给予面向云的业务模型所期待的价值增长。这意味着从头创建一个新应用可以得到这方面的好处，但是要花更长的时间。

4.2.1　OpenStack 应用设计指南

开发一个部署到云的应用需要具体的指南，尤其是当开发并集成应用到 OpenStack 的时候：

- 尽可能做一个悲观主义者。任何事情都有可能中断，因此，“爱上 chaos monkey”(chaos monkey 是一种服务，它定义了一些系统组并随机终止某组中的其中一个系统)。
- 不要把鸡蛋放在一个篮子里。利用多个区域(region)、可用区(zone)和计算主机。设计可移植性(直接迁移)。
- 考虑扩展性。
- 当整合到 OpenStack 中时记得要多疑——谨慎地设计安全性。

- 谨慎地管理数据。数据始终是一个关键的资源，因此不要犹豫，使数据可复制/群集化，并做定期备份。
- 动态性。通过自动缩放使应用变得智能。
- 自动化——自动化所有的业务流程来提高一致性。
- 不是所有的应用都需要同样高的安全级别。
- 可预测性和弹性——随着资源使用量的增加/减少，应用应该以一种可预测性的方式运行。
- 分而治之。使应用粒度尽可能的细，尤其是当集成高可用(HA)解决方案的时候。
- 由于网络延时，有必要使数据分区彼此接近，但是不在同一个计算主机或区域。
- 松耦合、服务接口、关注点分离、抽象化和定义良好的 API 可提供灵活性。
- 成本意识：自动伸缩、数据传输、虚拟软件许可、保留实例等可以快速增加月度使用费。请密切监控使用率。

4.2.2 云应用开发最佳实践

如果应用被分为服务器端和客户端，需要考虑是否有必要使用 OpenStack API(管理云资源)。你必须决定是否使用 OpenStack 现有的客户端绑定(client binding)还是实现自己的客户端绑定。例如，如果重用现有的客户端绑定，建议使用 Python，因为 OpenStack 社区为你做客户端绑定的开发和交付。如果不使用 Python，则必须研究是否有所支持的最新的客户端绑定，或者你必须自己来实现它。因此，将由你的开发团队决定使用哪种开发语言，其应该包含所有给定的条件(能够快速编程、在虚拟主机上运行等)。

1. 妥善管理代码

正在开发的应用应该使用某个软件进行版本控制，例如 GIT、Mercurial 或 SVN。如果应用是分布式的，那么这点非常重要，应用的每个组件都应该作为独立的云应用。注意，多个应用共享同一个代码库违反了该方法论。因此，基本上要保持应用独立。对于版本控制系统来说，使用它是显而易见的，因为有可能需要一个稳定的生产版本或最近开发的过渡版本。

2. 依赖管理

对于任何准备部署到云的应用来说，有必要以一种版本封装系统可理解的方式显式地定义依赖。一个黄金法则是不要依赖部署环境，因为从一个版本到另一个版本，某些包可能会不存在，这意味着显式比隐式的好。一个简单的例子是，Ubuntu 12.04 在其源码库中包含 PostgreSQL 9.1，但是 Ubuntu 14.XX 中却没有。

3. 配置管理

使应用配置化。部署环境可能会不同(部署主机名、认证信息、交换机的 IP 地址、NAT 等)。也有一些应用配置参数在部署环境间保持相同，因此这意味着它们应该可配置，而不是用一些默认值。可以利用的另一重要项是配置参数分组。例如，如果应用因其内部需求使用数据库和 AMQP 服务，请将这些配置项放到不同的区，例如[database]、[messaging]，对于部署的不同类型，如果有必要的话，有类似[production]、[staging]的区会更好。

4. 构建、发布并享受乐趣

在允许访问应用之前有四个主要步骤：

- **构建**：很简单，对吗？做一个源代码的发布，它是什么并不重要：DEB、RPM、Python EGG、GitHub Tag 等。
- **过渡**：通常需要几次迭代。在现实世界中，带有安装版本的过渡环境使用部署后验证进行检查。“部署后”验证的意思是 QA 团队运行一组模拟用户行为的场景。过渡期间有可能发现某些缺陷或不可预期的用户行为。这种情况下，QA 团队会为新的阶段部署准备一组额外的测试场景。
- **发行**：通常发行阶段会涉及新的版本发布，因此需要准备版本发布文档，并在任何可用的通信渠道发出公告。在进行发布之前，需要准备一个用户反馈机制(JIRA、Slack 渠道或邮件列表)。
- **享受乐趣**：是的，享受用户报告、问题以及新版本功能需求的乐趣。

5. 应用规模化运行或者死亡

大多数分布式应用是分布的，因为应用的单一实例上运行的容错能力是零。但是我们来弄清楚应用在不耗费更多虚拟机的情况下如何扩展。几乎所有的开发框架拥有多线程和多进程的库或应用引擎，可以创建类似 REST 风格的服务并在同一时间处理多个请求。“worker”这个术语就是由任务代理管理的一个实体。这里有一个简单的例子：Python 库 Flask 支持进程和线程，但是由于其实现方式，所以不推荐作为用户可访问服务来使用。在生产上，推荐使用 Nginx + Python Gunicorn + Flask，但是让我们了解这是为什么。Nginx 作为代理做得非常好，但是 Python Gunicorn 作为本地 REST 服务包装器，允许在多个 worker 进程中运行应用，worker 进程用共同的任务分发器作为独立的进程执行。Flask 是一个 REST 应用实现框架。

说到 worker 进程的数量，强烈建议每个虚拟机实例上只运行一种类型的服务。因此应用应该运行与 vCPU 数量相同的 worker 进程。然而，我们仍在讨论在一台虚拟机上运行多个 worker 进程，我们仍坚持我们的观点，应用应该存活并为其用户提供访问。然后是负载均衡和高可用性——云应用应该准备好采用高可用(HA)模式在一个负载均衡器(每个应用不在本地存储数据，而将其存储在某个后台服务)背后的多台实例上正确运行。

为什么需要高可用性和负载均衡？首先，高可用模式能够在多个实例上访问应用(例如 Galera master-2-muster replication)，因此，从 A 到 Z 的用户可以从任意一台实例中得到相同的数据。这就是高可用模式的工作方式。但是在开发一个使用云服务的应用时，为每个应用实例记住一组 IP 地址或域名不是非常有用。负载均衡提供了一个功能，能够将云应用隐藏在一个 IP 地址或 DNS 域名后。这很有好处，因为负载均衡器可以在云应用实例之间分发请求。这样一来，应用就无须担心某个特定实例的可访问性。

6. 快速启动和正常关机以最大化健壮性

OpenStack 应用应该努力减小启动时间。在理想的情况下，应用从引导程序执行开始，直到进程启动完成并准备好接收任务请求，只花费几秒钟的时间。较短的启动时间为发布过程和扩大规模提供了更多敏捷性；并且帮助提高健壮性，因为应用实例管理器能够更轻松地将其移动到新的物理机器上(通过自动伸缩事件)。当应用从其管理器接收到 SIGTERM 信号时可以正常关机。遗憾的是，大部分应用开发人员都把对正常关机的担心放在了待办事项列表中。

7. 保持开发、过渡、准生产和生产的尽量接近

作为开发人员需要记住以下几点：

- 代码编写和将其投入过渡/准生产/生产之间保持较短的时间间隔。
- 保持小的人员差距。作为代码的提交者，需要为任意环境中的应用部署负责。
- 保持小的工具差异。每个开发人员应该保持与生产环境几乎相似的环境。

在测试代码时记住以上这些。作为开发人员，应该杜绝在开发和生产之间使用不同的支持服务，即便适配器理论上抽象了支持服务中的任何差异。支持服务之间的差异意味着会出现微小的不兼容性，导致在开发或过渡环境中可运行并通过各种类型测试的代码却在生产环境中运行失败。

8. 尽量增加测试次数

涉及使用附加资源的应用开发中，有必要编写以下几种类型的测试：

- 虚假模式(fake-mode)集成测试：该类型的测试允许你检查代码，但它不涉及附加资源(因为按需服务花费成本)，而是使用其虚假实现来替代。
- 真实模式(real-mode)测试：处理任何 API 支持服务。
- 部署后检查：该类型的测试对部署的应用检查用户逻辑和场景，并且通常在过渡和准生产环境中进行。

9. 持续集成/持续交付

持续集成(CI，Continuous Integration)是自动提交到测试代码库的每个更新的实践，并尽可能早地进行测试。因此，为了保证稳定性，项目应该使用 CI 作为代码检查的一部分，因为 CI 可以防止你合并不能正确运行的代码。持续交付(CD，Continuous Delivery)跟踪测试结果并把更新推送到过渡或准生产环境(推送到生产环境可能会引起问题)。在任何情况下，CD 都会保证代码版本是可访问的。可能会因为特定的原因需要维护自己的 CI/CD。但是，如果组织机构较小并且没有足够的资源来投资构建自己的环境，可以使用任何的 CI

即服务(CI-as-a-Service)。有两种众所周知的服务：Travis CI(https://travis-ci.org/)和 Circle CI(https://circleci.com/)。自由选择任何一个你喜欢的。

目前为止，有了 SDK、如何操作和禁用操作的指南，以及 CI 和 CD。现在是时候做一些棘手的魔法——部署应用，一个真正的云应用。

4.3 OpenStack 应用描述和部署策略

如此，这是一个讨论关于遗留应用描述的好时机。

回顾迁移应用到云的方法论，你需要实现本章涵盖的将应用转换为云应用的所有步骤。假设有以下输入：

- 应用包含这些组件：Web UI、RESTful 服务、后端服务和支持服务。
- Web UI 和 RESTful 服务面向用户。
- 后端服务只能通过 RESTful 服务访问。
- 支持服务可以是一个附加服务或者是应用的一部分。只有应用后端服务与支持服务对话。

如此，使该应用成为云应用的最好的解决方案是什么？

示例应用源代码

可以通过 GitHub 访问我们的示例应用源代码: https://github.com/johnbelamaric/openstack-appdev-book。

4.3.1 云应用描述

按照迁移步骤，需要将遗留应用解耦成多个节点。假设应用包含以下几个节点(见图 4-1)：

- Web UI 节点
- RESTful 服务节点
- 后端服务节点
- 支持服务(MySQL)

需要定义硬件需求，例如，对 OpenStack 来说，定义具体的实例 flavor，用来描述 vCPU 的个数、RAM 大小、临时磁盘和根磁盘。简单起见，我们假设只能有一个 flavor，但是在大多数的真实世界中，由于工作流程的原因，必须为每个应用服务定义 flavor 参数。在大多数情况下，一些实例需要大量的 vCPU 来做计算，而其他实例需要较大的 RAM 和根磁盘来做数据处理(Hadoop map-reduce 及其 HDFS 是一个很好的例子)。

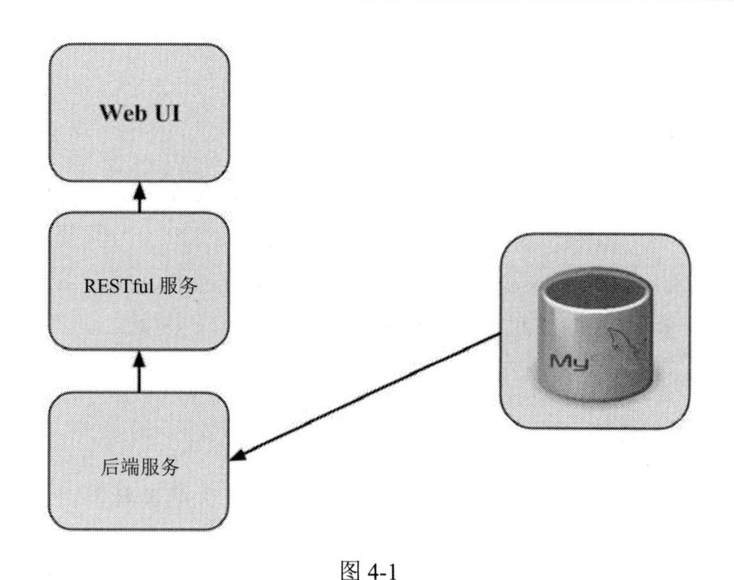

图 4-1

粗略一看这是可以的。用户能够通过 Web UI 或 RESTful 服务访问应用。这样的应用是如何整合到云的一个很好的例子，因为它是多层的。

当谈到 MySQL 和支持服务时，一般要考虑无论发生什么事情，该类型的服务应该是持久的。因此，需要根据给定的输入，弄清楚所需的操作系统、所需的资源大小(RAM、vCPU)，以及是否想要 MySQL 数据作为由 Glance 提供的附加块存储(这些步骤和决策非常重要，因为这一切都会影响服务的生命周期)。因此，根据背景知识，我们强烈建议使用至少拥有 4 个 vCPU 和 8GB RAM 的 flavor。关于存储，建议使用块存储卷以允许快速故障恢复和一致性。

应用组件包含 Web UI、RESTful 服务和后端服务节点。RESTful 服务节点本身不是一个作为应用交付的一部分进行部署的独立应用。根据应用开发的最佳实践，它应该被看作一个单独的应用。回到已经讨论过的 MySQL，需要弄清楚部署此应用的最佳选择是什么。就其本身而言，RESTful 服务是一个无状态的应用，但是它需要快速运行以同时服务多个用户。建议使用拥有较大内存的 flavor，在这里 vCPU 的问题不是关键，并且不需要块存储，因为目前没有东西需要存储，而只是处理请求。关于应用后端服务，应用的这一部分是健壮的，因为它几乎承载了所有高负荷的工作。因此这个节点应该是非常强大的，并且必须有高配的 vCPU、内存以及磁盘空间，以满足应用的工作流程定义的需求(不是块存储，而是 flavor 根磁盘)。Web UI 节点没有什么特别的不同——它应该能够快速处理请求，没有其他方面的要求。

一旦 RESTful 服务和 Web UI 节点部署完成，用户将能够通过 RESTful 服务节点的 IP 地址访问其服务，也可访问 Web UI，二者是独立的(根据给定的模式，UI 可同时对某个 RESTful 服务的单个实例产生影响)。请记住在真实世界中，面向用户需求的每个服务都必须是可靠的并做好抗压的准备——通过测试，因为某些情况下可能会受到 DDoS 攻击。

这部分结束后，考虑到所有最佳实践和应用需求考虑，我们可以部署一个基于云的应用。

4.3.2　网络部署策略

我们来回顾并描述应用部署模式。我们有三种类型的服务，换句话说，三个不同的云应用，并且每个应用都应该得到它自己的外部访问级别。例如，当前架构描述了单一网络下的应用部署，它对某些例子是没问题的，但是在其他情况下这样的 SLA(服务等级协议)是不行的。Web UI 和 RESTful 服务在公有网络下面向用户，因此二者都可以被用户访问，而这样破坏了安全 SLA 的理念。

公有和私有(管理)网络

你可能会建议每个组件使用其自身的网络，但是这样会增加开销，因为需要进行路由并且最后可能成为一个复杂的、难以维护的解决方案。当然，在这个解决方案中，不会试图连接多个数据中心到某个单一网络。这种情况下，定义两个网络就足够了——公有网络(和因特网一起，从外部可访问)和私有网络(隔离因特网，从公有网络可访问)。首先，有必要弄清楚每个服务属于哪个网络。我们的例子很简单：图 4-2 描述了网络安装位置；图 4-3 中 Web UI 连接公有网卡；图 4-4 中 RESTful 服务连接私有网卡；图 4-5 中应用后端服务连接私有网卡；图 4-6 中 MySQL 节点连接私有网卡。

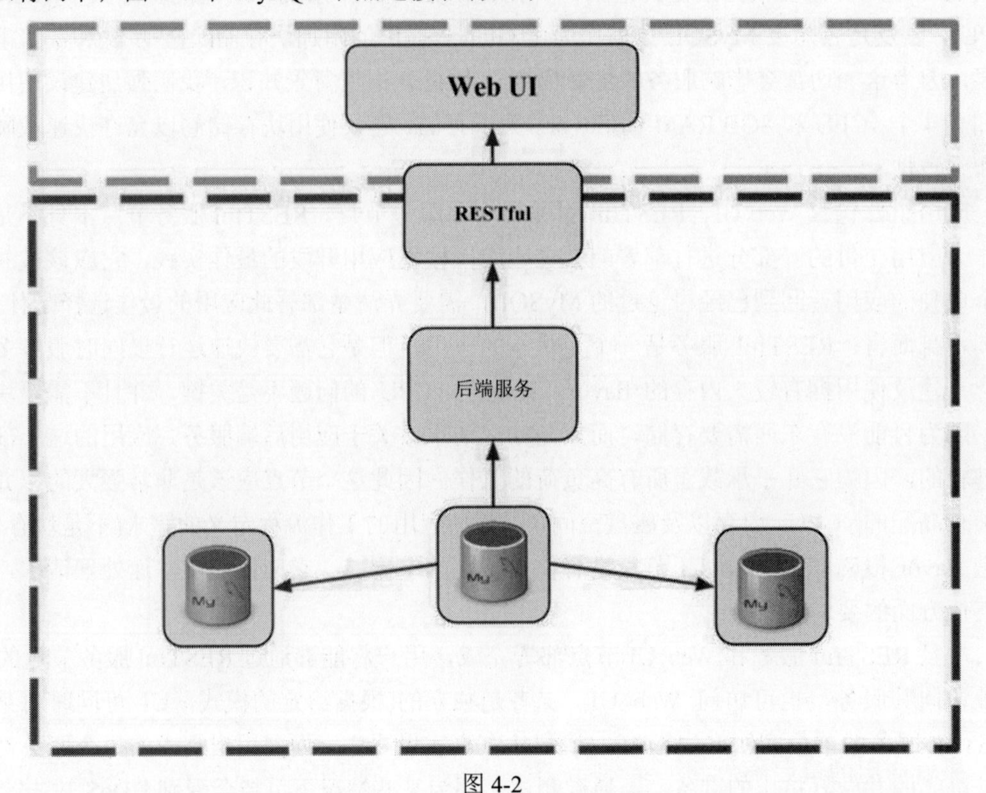

图 4-2

正如所看到的，基于上面的描述，应用层可以连接两个网络以阻止不需要的访问。现在，我们来看一下每个组件，从 Web UI 开始。因为这个类型的应用层需要对用户可用，它需要一个公有 IP 地址，并且它不需要内部网络访问以防止出现安全隐患。因此，图 4-3 中绿色的线缆对应公有网络。

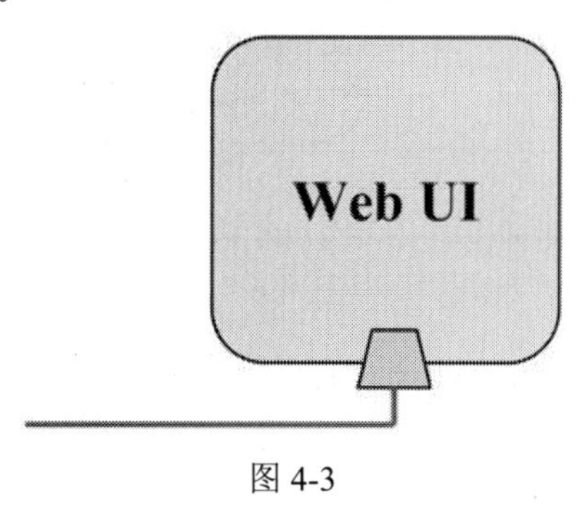

图 4-3

对于这个应用来说，RESTful 服务层与 Web UI 层类似，因为该组件应该能够通过公有 IP 地址可访问。但是，由于这些组件与后端服务相连，它也需要在私有网络上可访问(见图 4-4)。红色的缆线对应私有网络访问。

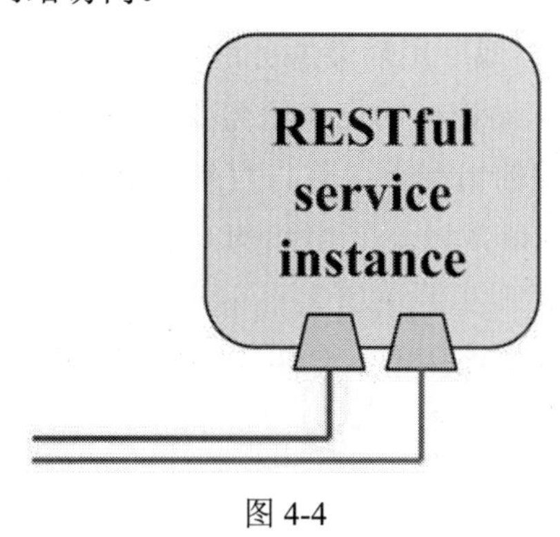

图 4-4

继续看图 4-5 中所展示的后端服务层及其网络。应用的这一部分只能在私有网络上可访问。

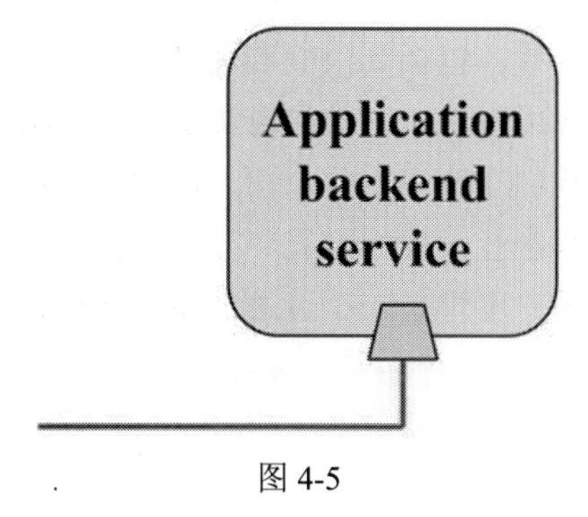

图 4-5

来看应用的最后一个组件——MySQL(见图 4-6)。应用的这一部分与后端服务采用类似的网络策略。该组件连接到私有网络，只能通过后端服务访问。

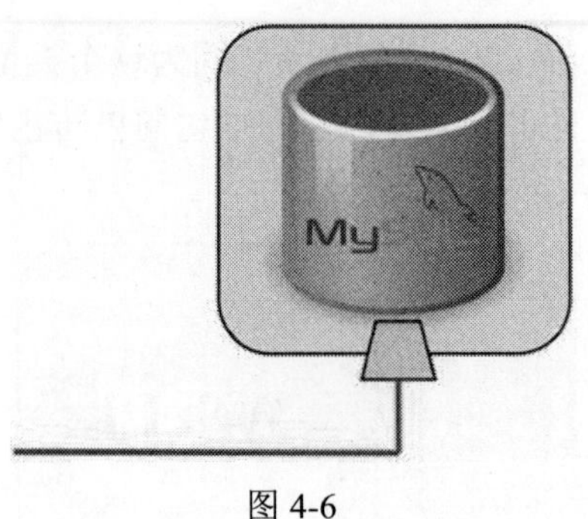

图 4-6

记住，在给定的网络中应用组件的可访问性和网络策略需要为应用设置 SLA。对于 OpenStack 来说，建议使用安全组(在 Nova-network 和 Neutron 中)。

- **关于 Web UI 实例**：假设使用 Nginx 托管 UI 代码，并使用 HTTP 和 HTTPS 的默认端口。有必要为入站连接关闭除了 80 和 443 以外的任何端口，并为出站连接开启负载均衡器端口。
- **关于 RESTful 服务节点**：入站连接安全组只需要负载均衡器端口。出站连接安全组需要 AMQP 代理端口或应用后端服务的直接访问端口。
- **关于应用后端服务**：入站连接的安全组需要 RESTful 服务节点 IP 及其端口或者不设规则(在 AMQP 传输的情况下，将只有到 AMQP 代理的出站连接)。出站连接的安全组需要 MySQL 端口并将一个 MySQL master 实例 IP 作为 CIDR，在使用 AMQP 的情况下，还需要其代理实例端口。
- **关于 MySQL 节点**：入站连接的安全组需要应用后端服务端口，以及 MySQL slave 端口，并将其 IP 作为 CIDR。出站连接的安全组需要 master 节点端口和 IP 作为 CIDR。

4.4 小结

本章讨论了如何进行云迁移，包括其限制和关键点，而不仅仅是简单的直接迁移。我们尝试明确地解释如何解耦应用服务，以及如何实现部署策略，包括网络和 SLA。由于适用于这种情况的各种技术，我们修改了某些步骤，比如应用测试和软件配置，还有，因为描述云应用监控通用案例的复杂性，我们跳过了监控。但是本章描述的每个相关的案例和技术适用于所有类型的云应用，不管是一个过去的遗留应用，或是一个正在设计的全新的应用。

第 5 章

改进应用

本章内容

- 了解可能影响正在运行的云应用的故障场景类型
- 提供应用访问并了解主机名和 IP 地址发挥的重要作用
- 扩展应用到多台实例和区域以及适应环境的方法
- 改进基本应用

云应用最初通常用一种非常简单的方式开发。开发人员开始可能将应用部署在云中的单一实例上。如果应用有不同类型的功能，例如一个 Web 前端和一个数据库后端，这些功能可以被分为几个不同的实例。

本章讨论作为开发者下一步需要做什么。需要了解云中发生的故障类型以及这些故障对应用的影响。也需要了解应用组件以及它们与故障的联系，以构建一个更健壮和可靠的应用。

有多种不同的技术研究如何在云上扩展应用。本章也将讨论性能以及了解何时何处会发生性能问题的重要性。通常，在恰当之处缩放应用规模可以减少性能问题的发生。

本章也将讨论数据保护。数据对应用来说有多重要？数据永不丢失很重要吗？某些数据丢失之后能否重建或替换？数据有多重要？这些问题的答案可能影响云中的数据保护策略。

高可用性意味着应用始终可用并最大限度地减小停机时间。它也意味着应用应该可靠并高效地运行。本章将讨论构建高可用应用的意义以及开发人员在此过程中可能遇到的挑战。

最后，我们以一个基本应用为例，对它进行改进来展示本章所讨论的概念。对三个不同的组件进行探究，因为它们提供了高可用性。

示例应用源代码

可以通过 GitHub 访问示例应用源代码：https://github.com/johnbelamaric/openstack-appdev-book。

5.1　故障场景

OpenStack 云运营商了解很难保持云零故障地运行。云环境规模越大，越可能发生问题。开发人员需要了解哪些类型的问题会影响应用以及如何处理这些问题。甚至当问题发生时，考虑这些故障场景的应用停机时间更短并能够继续运行。

5.1.1　硬件故障

典型的 OpenStack 环境包含几个管理服务器来帮助运行云，也包含一堆其他服务器，称为计算节点，它们提供了将应用部署到云的手段。云环境越大，需要运行该环境的硬件就越多。

最终，服务器的硬件会发生故障。最常见的硬件故障类型包含磁盘驱动故障、内存故障、CPU 故障、电源故障和网卡故障。某些硬件故障会导致整台服务器宕机。某些硬件故障可能导致服务器性能降低。其他故障可能丝毫不会影响服务器，例如其中一个电源故障。

如果应用没有采用高可用的概念构建，其中可能会有很多单点故障。如果某个服务器出现故障，且这些单点故障中的任何一个在该服务器上，那么该应用也将发生故障。

5.1.2　网络故障

OpenStack 环境中的网络设置和操作有几种不同的方式。然而，从运行在云的实例的角度来看，它有一个具有活动网络链路和指定 IP 地址的网卡。对实例来说，重要的是连接到网络并能够可靠地访问网络上的其他实例或设备。

一种实例发生网络故障的情形是 OpenStack 网络协议栈中的某个东西发生中断。实例仍然能够看到网络并拥有 IP 地址，但却不能连接到网络上的任何其他设备，其他设备也不能连接到该实例。网络问题的根本原因将影响实例上网络连通性的恢复方式。例如，实例所在计算节点上的 Neutron 或 OVS 发生问题可能需要重启实例以恢复连通性。

另一种实例发生网络故障的情形是其网卡上的 IP 地址丢失。IP 地址通过运行在网络节点上的 DHCP 服务提供。DHCP 服务本身很少宕掉，但是 OpenStack 网络协议栈问题可能破坏 DHCP 服务与实例通信的能力。OpenStack 默认配置倾向于使 DHCP 租约很快过期，这导致实例需要经常更新其 DHCP 租约。网络通信问题会扰乱这一更新过程，这将导致 IP 地址从该实例释放并最终导致其网络故障。

安装在实例上的操作系统也可以对其如何响应网络问题产生影响。例如，当实例丢失 DHCP 地址时，Ubuntu 通常不断尝试重新获取 DHCP 地址。当网络问题得到解决后，更新过程成功且 IP 地址得到恢复。然而，RedHat 和 CentOS 通常被配置为更新过程失败后放弃请求，这意味着即使网络问题得到解决，实例也不再尝试更新 DHCP 租约并永久脱离网络。解决实例网络连通性问题最简单的方式是重启实例。一个更好的解决办法是调整 RedHat 和 CentOS 实例的 DHCP 客户端配置，以不断尝试更新 DHCP 租约而不是放弃更新。

外部网络问题也可能发生。典型的 OpenStack 环境将建立一组管理节点、众多计算节点、一个或多个交换机以将所有节点连接在一起，以及一个路由器，以连通进出 OpenStack 环境的流量。交换机对环境运行至关重要，因为它是计算节点和网络节点之间重要的交通线。交换机故障会破坏节点之间的通信。路由器问题可能不会破坏节点之间的通信，但是它可以阻断网络上其他服务的访问，例如 DNS 查询，认证服务器的访问，以及实例所依赖的其他网络服务。

5.1.3 存储故障

OpenStack 实例利用临时性存储或持久性存储，或者两者的结合。临时性存储被定义为可能不是永久性的存储。例如，如果实例本身被终止，关联到该实例的临时性存储可以被删除。持久性存储被定义为永久性的存储。如果实例被终止，关联到该实例的持久性存储通常不会被删除，但是可以被分离并附加到另外一个实例而变得可用。

持久性存储通常作为对象存储或块存储来实现。对象存储通常使用 Swift 或其他实现 Swift API 的产品来实现，例如 Ceph。当使用对象存储时，会创建容器并将二进制对象存储在容器中。

实例可以使用对象存储系统所实现的 API 检索所存储的对象。对实例来说，块存储作为操作系统中的块设备显示，它可以挂载到一个目录下或作为裸设备使用。

临时性存储对实例显示为块设备，这种方式类似于块存储。这意味着实例可以将该块设备挂载到一个目录下或作为裸设备使用。OpenStack 中的临时性存储默认配置为使用计算节点中的磁盘存储。也可以配置临时性存储使用其他设备，但使用计算节点的磁盘作为临时性存储是最常见的使用方式。除非实例使用“从 volume 引导”的方式建立，否则将使用计算节点临时性存储来创建实例。

OpenStack 环境中遇到的最常见的硬件故障之一是磁盘故障。磁盘故障可对实例产生广泛的影响，取决于 OpenStack 的配置方式以及磁盘故障对其所在设备的影响程度。临时性存储对实例的影响可能比持久性存储更大。临时性存储中，数据很有可能没有复制且数据丢失的可能性会更高。对持久性存储来说，数据经常被复制并可以通过多种方式访问。如果在持久性存储群集中有一块磁盘发生故障，实例甚至可能不会感知到，因为数据仍然可用并保持一致性。

我们来看看实例在临时性存储上运行的情况。操作系统在计算节点的临时性根磁盘上。计算节点可能被配置为某种 RAID，可以在后台复制数据。单个磁盘故障可能丝毫不会影响实例，很像是在持久性存储中的单个磁盘故障。然而，RAID 设备发生磁盘故障导致实例中的块设备进入只读模式并不罕见。即使数据仍然可用，并且可以被实例读取，但是写操作被阻塞。只读模式经常在计算节点级别发生，这将影响运行在该节点上的所有实例。通常需要重启计算节点来解决该问题。

如果计算节点未使用 RAID 配置或未对临时存储配置其他类型的数据复制功能，那么磁盘故障对实例来说通常是灾难性的。如果实例的存储位置在故障磁盘上，那么数据将永久性丢失。实例将需要终止并重建。

对于块存储，实例可能遇到挂载卷的问题。如果持久性存储群集发生严重问题，挂载卷可能对实例变得不可用。如果该卷被挂载到实例，任何读写操作都可能挂起，并等待响应。如果卷未被挂载，它会拒绝挂载或作为一个有效磁盘检测到。当实例正在启动和重启时，这种问题更常见。如果卷因某些原因不可访问，实例可能会启动失败，可能需要管理员干预，从其他方式引导启动。

大多数卷问题发生的原因是 OpenStack 的环境问题，而不一定是持久性存储群集的问题。Cinder 或 Nova 与 Cinder 之间的通信可能会发生问题。其中许多问题可能不会影响已经挂载到实例并正在使用的卷。然而，这些问题可能会影响实例的启动和重启。也会影响将卷从某个实例分离并挂接到另一个实例。大多数情况下，这只会影响数据访问而不会导致数据丢失。

对象存储以不同于块存储的方式访问。对象被推送到存储并从存储中取出。如果对象存储系统出现任何问题，通常表现为对象不可用或操作超时。

持久性存储通常进行某种复制配置。常用的复制因子(replication factor)是 2 或 3，但是也可能存在由于某些原因复制被禁用的情况。询问管理员复制是如何配置的，以便更好地了解故障对数据访问和数据丢失可能性的影响。

实例很难处理存储设备的不可用问题。如果应用依赖于数据始终可用，那么配置监控来监控存储的可用性和完整性非常重要。对于临时性存储，大多数故障导致实例宕机。然而，实例应该监控文件系统何时进入只读状态。实例可以在只读文件系统下运作良好，特别是当实例只读取数据而不写入数据的情况下。监控有可能未能发现问题，也看不到问题的任何日志记录。由于只读文件系统是计算节点存在潜在问题的一个指示，比较好的做法是尽早捕捉到它以便应用能够适应。

5.1.4　软件故障

另一种类型的故障场景是纯粹的软件故障。例如，计算节点操作系统内部的内核缺陷会导致其崩溃或挂起。这将导致实例变得不可用。有时，因为实例操作系统中的内核缺陷，实例自身会崩溃或挂起，需要重新启动才能恢复运行。

OpenStack 软件套件中的问题也会导致问题。大多数这种性质的问题不会影响实例，除非它是一个会影响实例网络或存储访问的问题。常见的 OpenStack 软件问题包括 RabbitMQ、Cinder 和 Ceilometer 问题。这些问题可能不会影响当前的实例，但是它们很有可能影响用户建立新实例、终止实例或做任何其他 OpenStack 相关的管理任务。对于利用云的弹性特征按需进行动态升级或缩减实例的应用来说，软件问题会显著降低云的弹性。

另一个可能发生的问题是缺乏资源可用性。如果一个实例正在运行内存泄漏的应用，那么该实例最终将耗尽内存并宕机。如果应用启动大量的进程并在运行后没有正确地清理，实例会用完 process slot 并且不能启动新的进程。如果应用无法关闭已经打开并不再使用的文件，并且随着时间的推移打开了大量的文件，那么应用会用完所有可用的文件描述符。这会导致应用失败，甚至可能是实例失败。当实例耗尽资源时，它可能会导致实例崩溃，但通常是实例变得不可用。监控可以监测到多个告警以及不成功的登录尝试。重启实例通常会解决这个问题。然而，如果问题反复出现，那么需要检查应用缺陷和潜在的配置问题。解决应用问题比试图通过启用包含更多资源的更大实例来解决问题要好。

5.1.5 外部故障

由于某些外部问题，实例可能会出现 DNS 查询问题。这可能是由于 OpenStack 环境和 DNS 服务器之间的网络中断导致。也可能是 DNS 服务器本身的问题。从实例的角度来看，DNS 问题看起来像一个普通的网络问题。实例在网络上做的几乎所有事情都需要 DNS 查询。当 DNS 问题出现时，查询通常不会仅是失败，而是超时。如果实例被配置在多台服务器上做查询，那么每个请求的超时会累计起来，从而加剧应用在网络上尝试连接服务的问题。

实例可以通过在/etc/resolv 配置文件中调整超时设置，以及在实例自身内部做某种 DNS 缓存来减小 DNS 问题的影响。如果使用缓存，一旦某个主机名被解析为某个 IP 地址，它将在缓存中保存一段时间，那么未来该主机名的 DNS 查询将被跳过。许多实例配置没有启用缓存。根据实例所安装的操作系统，需要调整 NSCD 或 dnsmasq 以使 DNS 缓存生效。

实例可能发生的另一个常见问题是其无法与网络上的重要服务对话。公共服务的一个很好的例子是认证服务。Active Directory、LDAP、Kerberos 和 Radius 都可能被认证服务所使用。网络问题和认证服务本身的问题会导致应用运行有误或失败。如果只有部分实例出现认证问题的话，分布式应用可能出现周期性故障。例如，如果用户点击触发一个动作，该动作调用的实例无法做认证的话，用户可能会看到周期性 Web 页面失败。

实例中难以解决认证服务问题。处理认证服务问题最好的方式是当其出现时检测到它，了解其是否是瞬时的或问题趋势是否越来越糟，并应对这一问题。分布式应用可以在部分实例中检测到认证问题，并选择从池中移除这些实例，然后解决该问题直到认证服务恢复。至少，应该有监控来提醒应用所有者这个问题，以便调查问题的根本原因并使必要的管理员参与。

实例也可能出现时间偏差问题。这是没有适当监控的情况下可能不会被注意到的细微问题。许多应用甚至不关心时间偏差，尤其是对于运行某个应用部分而不需要应用状态的实例。然而，认证通常需要实例时间非常接近认证服务器所看到的时间。某些认证方法非常严格，如果实例时间超过一两分钟的偏差，就会导致认证尝试失败。某些应用，例如金融应用，也需要准确的时间。

在实例中运行 NTP 能够帮助实例时钟与正确的时间保持同步。然而，NTP 不是完全可靠的，因为它取决于实例所在计算节点的性能和实例与 NTP 服务器之间的网络性能。如果计算节点变成 CPU 受限，那么实例时间可能不同步，即使 NTP 正在运行。到 NTP 调整实例时间的时候，所调整的时间可能是错误的。网络问题会扰乱时间更新。NTP 服务也可能发生问题。例如，其中一台 NTP 服务器本身的时间可能不同步并报告错误的时间。某些问题可以通过配置实例使其指向多台可靠的 NTP 服务器来解决。如果时间同步对应用的运行来说很重要，那么配置监控就至关重要，它能够捕捉这些问题以便采取适当的行动。

5.2 主机名和 IP 地址分配

应用趋于变得非常复杂，并由许多功能单元组成，单元之间进行交互。用户也需要一种使用应用的方式。这通过为应用的所有不同部分分配主机名和 IP 地址完成。一个简单的应用示例可能是一台 Web 服务器与后端数据库交互。Web 服务器有一个用于用户连接的 IP 地址，数据库有一个与 Web 服务器交互的 IP 地址。

当 Web 服务实际上是一大堆实例时会发生什么？如果数据库后端实际上是运行多台服务器的数据库群集会发生什么？当然可以为所有实例分配公有 IP 以便每台实例都可访问。然而，当用户连接到应用的 Web 界面时，为用户提供所有这些 IP 地址并强制用户选择其中之一来使用是一种非常糟糕的实践。

5.2.1 单一入口

正常情况下，应用为用户提供单一入口。如果是 Web 应用，入口是用户输入 Web 浏览器的 URL。如果是客户端/服务器类型的应用，客户端被配置单击某个特定的服务器地址。当 Web 应用是一堆实例的情况下会发生什么？如果数据库后端是运行在某个群集上的多台服务器，如何配置 Web 前端使其与数据库后端交互？有几种技术可以用来处理应用连通性和应用内部功能单元之间的通信。

大多数应用应该只为进入连接提供一个单一入口，它通常是一个主机名。当使用主机名建立一个应用连接时，主机名通过使用 DNS 服务转换为 IP 地址，DNS 服务是一个提供主机名和 IP 地址映射关系的服务。DNS 查找在后台进行，并对用户或连接到应用的服务透明。DNS 服务可能会返回该主机名对应的单个 IP 地址或一系列 IP 地址。然后某个 IP 地址被选中并建立起应用连接。

5.2.2 DNS 轮询

当涉及分配多个 IP 地址给单一主机名时，有几个可以使用的技术。第一个技术是使用 DNS 分配多条“A 记录”给该主机名。DNS 中的一条 A 记录本质上是一个 IP 地址分配。当 DNS 查询发生并且有多条 A 记录分配给该主机名，那么 DNS 服务器会返回所有分配给该名称的 IP 地址。然而，每次查询 DNS 服务器时，该列表会循环一步，以使列表中的第一个 IP 地址总是不同的。这就是所谓的“轮询(round robin)”。

例如，主机名 myweb 分配了三条 A 记录，分别是 1.1.1.1，2.2.2.2 和 3.3.3.3。第一次查询 DNS 时，服务器响应是 1.1.1.1，2.2.2.2，3.3.3.3。第二次查询 DNS 时，服务器响应是 2.2.2.2，3.3.3.3，1.1.1.1。第三次查询 DNS 时，服务器响应是 3.3.3.3，1.1.1.1，2.2.2.2。第四次查询 DNS 服务时，服务器响应又是 1.1.1.1，2.2.2.2，3.3.3.3。

做 DNS 查询的客户端会拿到一个 IP 地址列表，然后必须选择将使用哪个 IP 地址。一般情况下，客户端总是选择列表中的第一个 IP 地址，这就是每次返回列表时 DNS 服务器循环该列表的原因。然而，DNS 轮询有一个缺点。如果 IP 地址列表中的任何一台服务不响应的话，客户端不知道这种情况，并不管怎样都会尝试连接。客户端很少在其代码中有额外的逻辑，使其尝试连接首个 IP 失败后试图连接列表中的下一个 IP。

对服务器不可用性或性能问题做出快速反应对管理员来说比较困难。如果某台服务器宕机很长一段时间，那么其对应的不可用 IP 就会从列表中被选出。然而，DNS 服务器通常配置在一段时间内缓存 IP 地址信息。DNS 条目缓存 24 小时或更长是很常见的。如果是这样的话，从列表中删除一个 IP 地址可能需要一天或更长时间反映到由客户端发起的 DNS 查询中。

如果服务器因计划中的维护而打算停机，并且管理员知道其 IP 地址将要移出列表，一个常见的技术是减小缓存时间为较短的一段时间，例如 1 分钟，领先于计划维护时间。当维护将要开始时，移除 IP 地址，客户端将在一分钟内看到并更新。维护可以进行，并且 IP 地址被重新加入列表当中。如果维护成功，缓存时间可以调整恢复到原来的设置。

5.2.3　全局服务器负载均衡(GSLB)

DNS 轮询是一个允许访问多台实例的廉价又简单的方法，这些实例为应用提供了重要的功能部分。我们已经提到如果其中一个实例宕机，客户端可能仍然会试图连接该实例，而意识不到发生的问题。然而，DNS 轮询还有一些影响应用的其他限制。例如，它不能基于性能或实例对客户端的接近程度引导客户端从列表中选择一个合适的 IP 地址。

全局服务器负载均衡(Global Server Load Balancing，GSLB)提供了一个结合 DNS 和负载均衡功能的服务。GSLB 常常通过与轮询 DNS 类似的方式设置。一个主机名可能被赋予多个 IP 地址。然而，与 DNS 轮询返回给客户端一个循环列表不同，GSLB 会返回一个排序的 IP 列表，其顺序对正在做 DNS 查询的客户端来说是最合理的。如果 IP 列表中的某个实例宕机，GSLB 会从列表中完全移除该 IP 直到实例恢复。IP 通常根据地理位置排序，以便第一个 IP 地理上最接近做查询的客户端。IP 也能基于性能或这些 IP 的连接数量来排序。

企业也可能将 GSLB 和 DNS 轮询结合并同时使用这两种技术。当应用托管在多个站点时这一点非常有用。例如，一个应用托管在美国和欧洲的站点，当北美的客户端查询 DNS 时，可以使用 GSLB 只提供与美国关联的 IP 列表。此外，这个已缩小的列表能够按照标准 DNS 轮询同样的方式循环。因为 GSLB 知道服务器的运行时间和性能，当服务器宕机时，其 IP 仍然可以被移除。

GSLB 像 DNS 轮询一样会被某些同样的问题影响。因为 GSLB 本质上通过 DNS 请求提供 IP 给客户端，IP 地址列表的变化会受缓存时间的影响。对于用于故障转移的 GSLB 来说，当问题发生时，缓存时间可能已经被设置为较小值。然而，客户端同样经常缓存 DNS 查询。这意味着，当 IP 地址由 GSLB 从列表中删除时，客户端可能不会注意到直至该列表的内部缓存过期。

GSLB 提供了超出 DNS 本身所提供的另一层级的服务。然而，GSLB 通常会有额外的开销，因此利用它可能未必是可行的。如果 GSLB 是可用的，它将是跨多个站点可靠运行应用各个部分的最好的方式。

5.2.4　固定 IP 地址和浮动 IP 地址

OpenStack 为其实例使用两种不同类型的 IP 地址。固定 IP 地址是当实例第一次启动时由 OpenStack 自动分配的。固定 IP 地址可以是公有地址，也可以是私有地址，取决于环境如何配置。公有地址允许从环境外部直接连接到实例。私有地址不允许外部连接，但通常允许向同一环境内部的其他实例建立连接。

OpenStack 支持的另一种类型的 IP 地址是浮动 IP 地址。浮动 IP 地址不会在实例第一次启动时自动分配给它。当配置 OpenStack 来使用浮动 IP 地址时，会设置一个全局浮动 IP 池，包含所有允许作为浮动 IP 使用的 IP 地址。然后用户会从全局池中选出一些 IP 放入租户池，使这些 IP 只对该特定租户可用。然后用户可以从其租户池中分配 IP 给运行在该租户中的特定实例。浮动 IP 地址大部分是公有 IP 地址，其允许对这些 IP 建立外部连接。使用浮动 IP 地址的 OpenStack 环境通常将固定 IP 地址配置为私有地址，并将浮动 IP 地址配置为公有地址。

浮动 IP 地址与固定 IP 地址相比的一个好处是用户可以在任何时间分配或取消分配。用户可以将一个浮动 IP 地址从一台实例移到另一台实例，而不需要终止和重启实例。也可以为一台实例分配多个浮动 IP 地址。这在如何建立应用连接方面给予用户很大的灵活性。如果某台实例出现问题或崩溃，那么其浮动 IP 地址可以移到另一台工作实例。在维护方面这也非常有用。例如，补丁可以应用到所有实例。实例打完补丁后将浮动 IP 地址移到该实例，以便其他实例可以安装补丁而不影响服务可用性。

浮动 IP 地址的另一个好处是它们能够以一种节约网络中 IP 地址的方法使用。固定 IP 地址通常比较大，其大小设计要大于环境中可能要建立的实例数量。浮动 IP 地址可能没有那么大，并且是有限的宝贵资源。在这种情况下，用户可以只为需要外部连接的实例分配浮动 IP，对于只依靠环境内部连接的实例仅分配固定 IP 地址。

例如，某个特定的 OpenStack 设置拥有一个分配了浮动 IP 地址的公有网络和一个分配了固定 IP 地址的私有内部路由网络。开发人员建立一个运行 HAProxy 的实例并分配给它一个浮动 IP 地址。开发人员也建立一堆 Web 实例，提供应用的 Web 前端。Web 实例只配置了固定 IP 地址并且从外部世界不可访问。添加一个固定 IP 到 HAProxy 设置，任何时候有人连接到 HAProxy 的浮动 IP，HAProxy 就会连接到其中一台 Web 实例并代理它们之间的通信。如果其中一台 Web 实例宕机，HAProxy 转发流量到另一台 Web 实例。如果开发人员需要登录任何一台 Web 实例，则可以首先登录 HAProxy 实例，然后从这里登录想要访问的 Web 实例。

5.2.5 Neutron 端口保留

Neutron 使用端口分配的概念给实例分配 IP 地址。端口本质上是实例连接到的虚拟交换机端口。一个端口被分配给一个 MAC 地址和一个固定 IP 地址。当实例连接到端口时，实例网络接口也继承了 MAC 地址和 IP 分配。

默认情况下，当实例建立后，一个带有 MAC 地址和固定 IP 地址的端口被创建，并分配给该实例。当实例终止后，端口被销毁，固定 IP 地址被释放以便未来使用。如果未使用浮动 IP，没有方法预测该实例将获取什么 IP 地址。如果实例终止后重建，然后重启，也不能保证它会获取与原来相同的 IP。

Neutron 提供一种机制，允许用户提前创建端口并在实例建立时将其分配给它。端口创建后，用户可以选择指定一个 IP 地址或让 OpenStack 选择 IP 地址。使用“neutron port-create”命令来创建端口。实例建立时，新创建端口的 port ID 可以使用 nova boot --nic port-id=PORT_ID 来赋值。当实例启动后，它应该有一个使用与用户所创建端口关联的 MAC 地址和固定 IP 地址配置的网络接口。

然而，要知道如果实例终止，OpenStack 将销毁实例和任何关联的端口。如果用户想要保留与该实例关联的 IP 地址，在实例终止之前端口必须从实例分离。这可以使用 neutron port-update PORT_ID --device_id "--device_owner"来完成。这对任何端口都起作用，包括在实例建立时创建的端口。端口分离之后，它可以在建立其他实例时被再次使用。

在 OpenStack 较老的版本中，Neutron 端口保留不是非常可靠。端口可以从实例分离，但是当挂接到一个新创建的实例时，它们有时可能无法正常工作，尤其是如果端口最初挂接到的实例仍然正在运行的话。还有，端口只能在实例启动的时候挂接。可以使用 neutron port-update 将端口挂接到已有的实例。在生产环境使用端口保留之前请查阅 OpenStack 文档并充分测试。

5.2.6 永久 IP 地址

用户习惯于将一个已知的 IP 地址关联到应用。该 IP 地址通常分配给一个主机名，但是 IP 地址很少发生变化。一旦有了一个 IP 地址，防火墙端口专门为该 IP 地址打开并且该地址可能被嵌入应用代码中。当然，如果这个 IP 地址不断变化，更新应用以支持该变化将是一个噩梦，因为必须更新防火墙，并且遍历源代码以找到所有硬编码条目。

如果用户在开发一个云应用，对他们来说很难放弃所有实例都应该分配一个永久 IP 地址的概念。即便应用考虑到使用多台实例和区域构建，用户仍必须为所有关联到实例的 IP 地址开通防火墙端口。

如果 OpenStack 环境支持浮动 IP 地址，那么拥有永久 IP 也是可能的。如果实例需要销毁并重建，用户可以将浮动 IP 地址从原来的实例移到新的实例。与该 IP 地址关联的防火墙规则继续发挥作用。这件事情可以通过创建和分配 Neutron 端口给新实例来完成。然而，关键要确保实例终止之前，端口从该实例分离，否则端口会被销毁并且 IP 地址会放回到全局 IP 池。

另一个用户应该注意的事情是，如果 IP 地址丢失并且有防火墙规则关联到该地址，一些其他用户和应用可能会获取到这个 IP 地址以及与其关联的所有防火墙规则。其他应用将不知道防火墙中开通了哪些端口。如果合理设置了安全组并限制入站流量的话，这可能不会成为一个问题。然而，通常对于开发人员来说，网络安全留到最后还是没有解决，并且没有意识到 IP 地址重用可能带给应用的额外曝光风险。

5.3　伸缩

一旦构建了云的基本应用，它需要改进以便能够抵御云中的故障，也需要升级以便可以继续满足用户需求和性能要求。纵向扩展应用可以解决性能问题，但是很难提高其处理云故障的能力。水平扩展应用可以同时解决性能和云故障可恢复性问题。

水平扩展应用的含义是什么？它意味着应用通过添加更多实例进行扩展。这不同于将实例本身变得更大的纵向扩展。水平扩展不意味着创建应用的额外副本并且在云中运行这些副本。它意味着采取一个应用并将其推广运行在更多实例上。

应用如何分散运行在多个实例上？第一步是了解构成应用的所有不同部分，然后把每一部分运行在其实例上。然后将每个部分扩展运行在多台实例上。某些部分会比其他部分更容易运行在多台实例上。一旦应用在单个区域成功扩展，那么可以采取步骤将应用扩展到其他区域。通过使用户与物理接近的实例通信，运行在多个区域中的应用可以提高性能，在处理区域范围潜在中断方面，可以提高可恢复性。

5.3.1　应用剖析

应用通常是非常复杂的，往往包含多个程序同时工作来为终端用户提供一系列服务。很少找到这样的应用，它是一个处理所有事情的单一程序，例如在一个程序中同时提供 Web 界面和数据库服务。当尝试将应用构建和部署到云时，了解应用的所有不同部分非常重要。

大部分应用提供某种类型的用户界面。用户界面可以采用多种形式，例如在用户桌面运行的客户端界面，从浏览器访问的 Web 界面，用户从操作系统提示符下运行的命令行程序，或者可能是用户在脚本或程序中使用的 API。

用户界面提供了一种访问和处理应用数据的机制。数据通常存储在数据库中。很多应用使用提供更好组织和快速访问能力的关系型数据库，例如 Oracle 和 MySQL。一些应用也会使用文档存储数据库，例如 MongoDB。文档存储数据库提供了一种存储非结构化数据和对象的方法。应用也可能使用多种数据库和数据库类型，进一步增加应用的复杂性。

一些应用也使用称为中间件的应用层。中间件包含一些软件，通常用来连接应用组件和其他应用组件。中间件提供了应用不同部分之间相互连接的一致性方法，使得将来组件的替换更简单。

应用也可能有其他组件。例如，可能有一个以某种方式监控流量的网络或安全组件。也可能有一个日志组件，将所有其他组件的日志聚集到一个可搜索的位置。也可能有一个监控组件，检查应用的功能和性能。

每个组件都需要合适处理潜在的故障场景。基于Web的用户界面可以通过简单的扩展来处理故障场景。因为大多数基于Web的用户界面就数据而言都是无状态的，实例可以丢失而不对应用造成影响，只要有足够的实例来处理入站负载。数据库通常通过使群集上的多个实例参与运行来处理故障场景。只要群集上的大多数实例保持可用，数据库就很可能保持运行并可用。

每个组件也可以相互之间独立处理问题。例如，如果在中间件组件中发现性能问题，则该组件可以扩展更多以解决性能问题。不需要扩展Web组件或数据库组件，因为问题被隔离只针对中间件组件。在处理故障场景和性能问题方面，按需独立调整组件给予应用极大的灵活性。

5.3.2 多台实例

运行在单一实例或仅仅几台实例上的应用更有可能受到简单故障场景的影响，例如硬件故障或维护。单个计算节点故障可以使应用丧失一个重要功能块，导致用户无法访问应用或重要数据对其不可见。

处理大部分故障场景最好的方式是使应用运行在尽可能多的实例上。如果某组中的一个实例宕机，该组中的其他实例可以继续提供相同的功能，如此应用可以保持运作。

大部分应用可以基于隔离的功能被分解成更小的功能块。例如，基于Web的用户界面通常与数据库后端分离，因为用户不需要对数据库的直接访问并且数据库不关心用户如何看到或使用数据。将应用分解成更小的功能单元是将应用运行在多台实例上的第一步。Web界面可以运行在某台实例上，而数据库可以运行在另一台实例上。

一旦应用被分解成更小的功能单元并且每个功能单元分离在多台实例上，那么可以扩展实例以便每个功能单元也在多台实例上运行。例如，基于Web的用户界面可以运行在多台实例上而非单个实例上。

跨很多台实例运行应用给应用增加了大量的复杂性。然而，它也为应用提供了两个重要改进。第一个重要改进是使应用对云中发生的故障有更强的恢复力。一个计算节点故障不会拖垮该功能单元的所有实例。另一个重要改进是水平扩展应用更加容易。例如，如果某个功能点用户需求增加，该特定功能单元变得性能受限或资源受限，那么可以增加该功能单元的实例数量以处理用户需求。这不仅是跨多台实例来分散性能，当实例只能处理一定数量的用户请求时，多台实例还可以增加可处理用户请求的总数量。

无状态应用更容易配置运行在多台实例上。实例中保存的数据不够重要，云中出现故障时无须防止其丢失。此外，一台实例不依赖于另一台实例的数据。如果一台实例下线，用户请求可以通过另一台实例无缝转发而无须知道在此之前用户在其他一台实例上正在做什么。

有状态的应用更难以配置运行在多台实例上。需要保存关于正在发生和已经发生的数据信息，以便决定下一步要做什么。例如，应用中正在发生一个多请求交易。如果所有请求都经过单个实例，那么实例拥有关于该交易的所有数据并且可以毫无困难地端对端处理交易。然而，如果一个请求经过一台实例，另一个请求经过另一个实例，一台实例如何知道请求经过了其他实例？有状态的应用需要跟踪所有交易请求，不管请求经过了多少台实例。

5.3.3　多位置

正如应用需要运行在多台实例以便扩展并对云故障更有恢复力，应用也需要部署在多个位置。正如之前所讨论的，云中甚至云外会发生各种影响云应用的故障。例如，数据中心运行中断会拖垮整个位置或区域。即便应用运行在很多台实例上，如果所有这些实例都运行在同一位置，应用仍然会不可用。了解将要部署应用的 OpenStack 环境非常重要。如果有多个区域可用，找到这些区域的物理位置。应用应该部署在地理上不同的位置，例如在西海岸和东海岸。如果电力或网络中断使某个特定区域的所有数据中心失效，其他区域可以接管负载并允许应用继续运作。

了解不同数据中心之间在速度、冗余性和可靠性方面的区别，以及需要使用应用的用户的位置也很重要。OpenStack 区域可以在一个很好的数据中心建立，该数据中心提供了高速网络、很高的带宽以及电力和网络冗余性。也可以在一个较低级的设施中建立，它可能不会提供那么高的带宽和冗余性，这意味着故障会更频繁地发生并对所部署的应用产生更大影响。然而，这些区域可能更接近终端用户或提供更小的连接延迟，并由于在这些区域而最终提供了与缺点相比更多的好处。了解区域之间的区别，会致使某个区域与另一区域相比使用更少的实例部署，或者应用的某些功能模块可能部署在某个更高风险的区域。

管理运行在多个区域的应用甚至比管理运行在多台实例上的应用更加复杂。如果一个交易的所有请求或一个用户的所有交易都被保存在同一区域中，一些难度会有所降低。数据访问和一致性也非常具有挑战性。如果数据库打算运行在多个区域中，数据需要复制和同步。如果应用要求实时数据访问，确保数据在所有位置总是最新的会非常困难，尤其是当区域在地理上长距离分离的情况下。

5.3.4　负载均衡

负载均衡提供了一种方法，将流量直接指向应该接收它的实例。在最基本的形式中，入站流量可以被等分到所有实例，这样能够均匀地分散负荷并允许更好的缩放。在更高级的形式中，可以监控实例以便基于可用性、性能和活跃程度来分离流量。特别是，如果一个实例宕机，可以将它从接收额外流量的实例中排除直到该实例恢复服务。

负载均衡通常提供一个简单的方法来配置流量如何在应用内部传输。它创建一个池来监控特定的服务，服务器可以在运行时从池中添加和删除。负载均衡器监控每台服务器的服务并决定什么流量应该传输给它，如果有流量的话。池通常被分配一个 IP 地址和端口。只要池中至少有一台服务器能够接收流量，池的 IP 地址和端口就是有效的。

负载均衡器通过连接池中的服务来监控该服务。监控可以像成功连接服务一样简单，也可以像连接到服务并期待返回一个特定标志或字符串一样复杂。一些负载均衡器提供一种方法，可以将自定义脚本附加到检查项以便可以进行复杂的检查，例如认证服务并执行一些动作。负载均衡器也可以以某种方式监控性能，通过观察其检查花费多长时间并基于此做决策。成功的检查会将服务标为可用，不成功的检查将服务标为不可用。

一旦负载均衡器收集了所有来自服务上所执行的检查的数据，它需要决定如何分发入站流量。池可以设置为使用轮询算法，以一个接一个的顺序循环的方式将流量发送给每个服务。池也可以设置为使用最少连接算法，将流量发送至拥有最少活动连接的服务。池也可以设置为发送流量至最小网络延迟的服务。也可以支持更多复杂的算法，与简单算法结合或者设置一个优先服务，使其比其他服务优先获取流量。

有许多可用的负载均衡类型。硬件负载均衡器通常提供最大的容量、可靠性和能力来处理大量的流量。然而，它们也比其他类型的负载均衡器更贵。此外，由其他团队管理的硬件负载均衡器对其使用会增加额外的复杂性。尽管如此，如果有可用的硬件负载均衡器，建议利用它们。

软件负载均衡器更廉价并且比硬件负载均衡器更灵活。可以将软件负载均衡器构建并整合到应用中。将负载均衡的实现方式与应用需求紧密耦合。有许多类型的软件负载均衡器。其中一个较受欢迎的选择是 HAProxy。也有许多使用 Apache 和 Java 的负载均衡器。

OpenStack 也提供了负载均衡即服务(Load-Balancing-as-a-Service，LBaaS)，它使用 Neutron 实现。它支持很多与常规负载均衡器相同的特性，例如服务监控、服务池管理、连接限制管理和提供会话持久性。用 OpenStack 云管理员核查 LBaaS 是否可用以及如何使用它。

设置应用的负载均衡时需要考虑的其中一件事是哪种类型的流量会通过它。负载均衡器并不支持所有的网络协议。如果使用会话跟踪，应用需要在所有所需的服务器之间共享会话信息，或者需要配置负载均衡器发送单一会话流量到同一后端服务器直到该会话终止。

另一件需要考虑的事情是负载均衡将在池中的服务器池上增加相当多的日志记录。一般情况下，负载均衡器会每隔几秒钟检查一下服务以确保它们在运行。在企业环境中，可能有两个或两个以上的负载均衡器配置相同，它们每隔几秒钟检查相同的服务。除非应用配置为不记录这些连接，否则日志会增加不少。

最后，负载均衡提供了一种改进应用的有价值的方式。它提供了一种方法监控服务并从池中删除不再工作的服务器。它还提供了一种运行时添加和删除服务器的方法，这是应用可伸缩性的一个重要部分。

5.3.5　性能

当应用架构被设计，以便其各个部分能扩展到多个实例，并且这些不同类型的实例可以相互之间独立扩展时，该应用的复杂性就大大增加了。当应用内部出现问题时，更加难以识别问题实际上在哪里发生。有时，问题表现为应用内部被破坏的功能。然而，多半表现为性能问题。

应用可能会出现什么样的性能问题呢？性能问题可以有多种形式。例如，备份系统必须每晚备份应用的所有数据并且必须在下一个工作日之前完成。然而，随着时间的推移，备份花费的时间更长并最终出现不能及时完成的风险。另一个例子是这样的：一个接收文件上传的应用必须在与用户确认上传成功之前进行病毒检查。可能病毒检查花费越来越长的时间，因超时或用户未等待足够长的时间来完成而上传失败。

应用性能通常被认为是执行特定操作的时间。例如，Web 用户在一个 Web 页面点击一个链接会希望该点击会立即响应新的页面，并且希望新页面在短时间内完全加载。感知到的缓慢有时是因为后台所发生的所有不同事情的累积。如果单个用户点击导致二十几个不同动作的发生，每个动作可能很快，但是处理所有这二十几个动作的总时间可能会很长。

监控应用的各个方面非常重要。可以收集数据库事务所花费的时间数据。可以收集数据在网络上的传输时间和写入磁盘的时间。可以收集成功或失败时间的数量。可以收集连接数和登录数。随着时间的推移，应该收集所有这些数据以便解析，以找到潜在问题并了解与其他事件的联系，例如节假日、特殊事件或异常的高使用率。

当发现性能问题时，有很多事情可以做。一些性能问题可能与较高的活跃程度有关，并且可以通过简单地向池中添加更多实例进行处理来解决。其他性能问题可能与使用模式的改变有关。例如，用户可以以不同的方式搜索某个东西，所创建的进行搜索的 SQL 查询语句在数据库中的搜索效率低下。与简单地添加更多实例到数据库服务相比，微调查询性能，在数据库中创建新的索引，或者调整数据库配置可能是解决这种性能问题的更合理的方式。

操作系统性能也应该严密监控。对于 Linux 服务器，运行 SAR 并收集 CPU、内存和磁盘性能的数据是一个很好的做法。CPU steal time 是一个很好的监控指标，它在 SAR 数据中显示为%steal。如果这个值始终非零，它通常意味着 CPU 周期从该实例窃取并分配给其他实例。将这个指标与%idle 指标结合来看，并将这些值与其他实例的值收集起来观察，可以提供一些线索，来判断是管理程序超载，还是该实例配置过低。

OpenStack 提供了一些应用开发人员可以利用的指标数据。Ceilometer 收集 CPU 和内存使用率、磁盘活跃率、网络带宽和其他数据信息。Monasca 也可能被使用，它提供了许多与 Ceilometer 相同的指标。一定要与 OpenStack 管理员沟通云中是否收集了这些指标以及应用如何使用它们。

5.3.6　数据存储

OpenStack 中数据存储有几种不同的方式。默认情况下，当启动一台实例时，它使用临时性存储。临时性存储通常是与运行实例的计算节点有关联的存储。如果实例终止，所有与该实例关联的临时性存储也被删除。临时性存储是 OpenStack 内部最不受保护的数据。这种存储不会进行备份或复制。磁盘或计算节点的丢失会导致数据丢失。

OpenStack 中的块存储由 Cinder 提供，存储以卷的形式呈现，可以挂接到实例。卷在实例内部显示为块设备并且可以作为磁盘或文件系统挂载。卷可以被挂接、分离或移到不同的实例。当实例终止时，卷从该实例分离但不会被删除。然后，如果需要的话，该卷可以被挂接到一台新实例。块存储使用驱动在 Cinder 中实现，其中很多是特定于厂商的。通常，块存储被设置为高性能的，并进行数据复制以防出现问题导致数据丢失。

对象存储通过 OpenStack Swift API 提供。与块存储相比，数据以一种完全不同的方式存储。应用创建容器，然后上传文件到这些容器。文件访问要求从容器中下载它们到实例中。容器及其关联的文件没有实例的概念。如果使用某个容器的一台实例被终止，容器或其文件不会受到任何影响，仍然可被云中的其他实例访问。事实上，与 Cinder 相比，Swift 的一个好处是容器可以被很多实例访问，但是，在某个时刻，一个块存储卷只能通过一台实例挂接并访问。对象存储也通常被设置为高性能的，并进行数据复制以防数据丢失。

当构建一个需要永久存储数据的应用时，选择合适的数据存储后端是非常重要的。数据有多重要？如果实例宕机导致数据丢失是否可以？如果创建一台新实例，数据能否更换或重建？数据需要保存多久？数据是否需要始终即时可用？需要存储的数据量是多少？这些问题对决定使用什么存储数据以及如何存储有很大的影响。一定要与存储管理员沟通以更好地了解可用的选择。尤其是，与他们讨论数据复制设置，他们所拥有的存储空间大小以及应用的长期需求，以便他们可以做出相应的规划。

如果数据存储在一个进行数据复制的环境中，应用应该注意自己不要进行数据复制。如果存储群集复制数据三次并且应用也复制数据三次，那么这实际上意味着数据在群集中一共存储了九个副本！这会由于不必要的复制影响应用性能，也会比实际需求消耗更多的磁盘空间。

应用可以同时利用多个存储选择。因为临时性存储通常比使用块存储或对象存储更快速，所以实例可以将其经常使用的数据放在临时性存储上，将不经常使用的数据放在块存储上。很少使用的数据放在对象存储上以便长期存储。当构建需要存储数据的应用时，一定要考虑所有这些选择。

5.3.7 高可用性

想要构建高可用的应用意味着应用必须尽量可用，并且始终需要正常运行以及性能良好。一个高可用的应用通常可以在任何地方运行并能够适应所在环境中的变化。构建一个应用已经足够困难，但是构建一个高可用的应用更难。

运行一个高可用的应用涉及哪些技术？其中最重要的技术之一是保证应用及其所有部分可以在很多实例上运行，并且这些实例也可以在多种环境中运行。应用运行所在的地方越多，对硬件甚至数据中心故障的可恢复性就越强。多台实例也允许应用可以按需合理的扩展。

另一个技术是将服务放到负载均衡器后面，以便流量可以被合理地分发。此外，如果任何实例变得不可用，负载均衡器可以从池中自动移除这些实例，并将流量重新分发到其余服务上。使用 GSLB 也会进一步增加高可用性，它基于发起连接的地方将流量转发到不同的数据中心。如果某个数据中心下线，GSLB 会自动转发所有流量至其他数据中心直到该问题解决。

了解应用的使用及其如何关系大局也是明智的。外部事件会显著增加流量的使用。节假日会导致假日购物增多，尤其是像黑色星期五和网购星期一。体育赛事，例如超级碗，会因查看所需的数据而增加站务活动。学年开始或季度和学期变化时，大学可以看到与之关联的站务活动增加。重大新闻事件会推高股票活动量。所有这些在构建高可用应用时都需要考虑。理想情况下，如果某个事件可以提前预期，应用可以在该事件之前提前进行相应扩展，以便处理预期需求，然后在事件过去之后再缩减回来。

如何扩展应用以满足需求？一种方法是有人动态监控服务并手动按需添加实例直到应用能够处理需求。这是一种解决此问题的昂贵的方式，并且在整个过程中引入了人为因素和风险。另一个更好的方式是监控应用的问题和性能，并以务实的方式自动扩展应用。OpenStack 提供了很多管理云中实例和服务的 API。应用可以检测到何时需要升级特定服务并使用 API 来进行升级。当需求减少时，应用可以自动减小所运行实例的数量。

另一件需要考虑的重要事情是在应用中提前构建额外的容量。构建每台实例使之使用率为 60%并运行更多台实例，而不是期望每台实例使用率为 100%并且仅部署处理所有负载所需数量的实例。这种策略的一个好处是应用会发生短暂的峰值处理能力需求，而可能不会触发自动扩展。实例本身内置额外空间，可以处理峰值需求而不引发任何应用性能问题。其关键是过度供给和非充分使用。

然而高可用性的确会出现其他挑战。看看这样一种情况，某个特定服务运行在多台实例上，一台实例作为主服务器，其他实例作为备服务器。通常，实例一直相互对话，以确保控制实例存活并运行良好。如果某个东西打破了主备服务器之间的通信将会发生什么呢？主服务器可能未意识到该问题并继续正常运作。备服务器看到主服务器消失并立即将自身放入主服务器模式。如果其他备服务器也做同样的事情会怎么样呢？在同一时间可能会有三台主服务器。这通常称为脑裂，并且在某些故障场景下难以避免该问题。当区域之间的网络通信中断时，这个问题会更加突出。

现在，我们将看看如何实现我们在本章中已讨论的事项来改进示例应用。

5.4　应用改进

从前一章引入的简单的应用概念开始，我们希望在此基础上说明对其如何进行改进。从概念上讲，这个过程不是那么困难。然而，也并不是所有事情都是容易的。例如，需要持久会话的应用需要在一个多实例环境中运行。在任何情况下，如果应用可以被分解为基本组件，那么每个组件可以以一种对其最有意义的方式独立进行改进。

5.4.1 简单应用

我们以上一章讨论的应用为例。该应用有三个组件：用于用户访问的基于 Web 的前端，与前端对话的 API 层，以及数据库后端。该应用如图 5-1 所示。

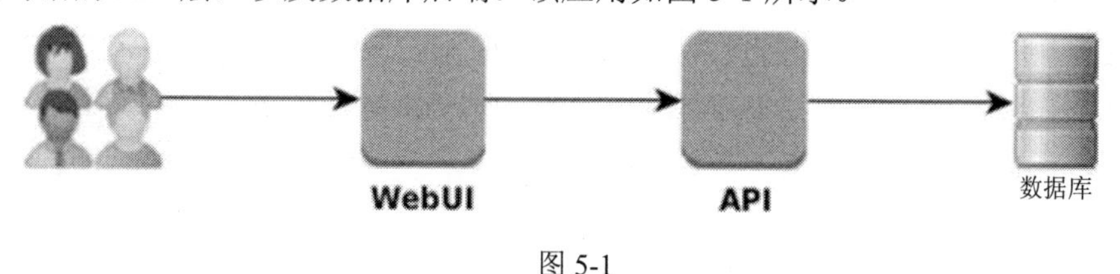

图 5-1

最初，应用可能比较简单以便证明应用在云中是可行的并获准继续它的开发。每个组件可能作为一个单独的实例存在。在上面的示例中，应用将存在于三台实例上，每个不同组件一台实例。

5.4.2 复杂应用

上面的例子可能被认为过于简单。更复杂的应用可能使用一个 API 层来抽象访问多种类型的后端。API 提供了一个访问不同类型数据的一致的方法，使其更容易扩展功能，甚至允许后端被替换，而无须重新编码前端。API 也从不止一个 Web 前端获取出入。用户可以使用命令行工具或客户端程序访问 API。这种应用如图 5-2 所示。

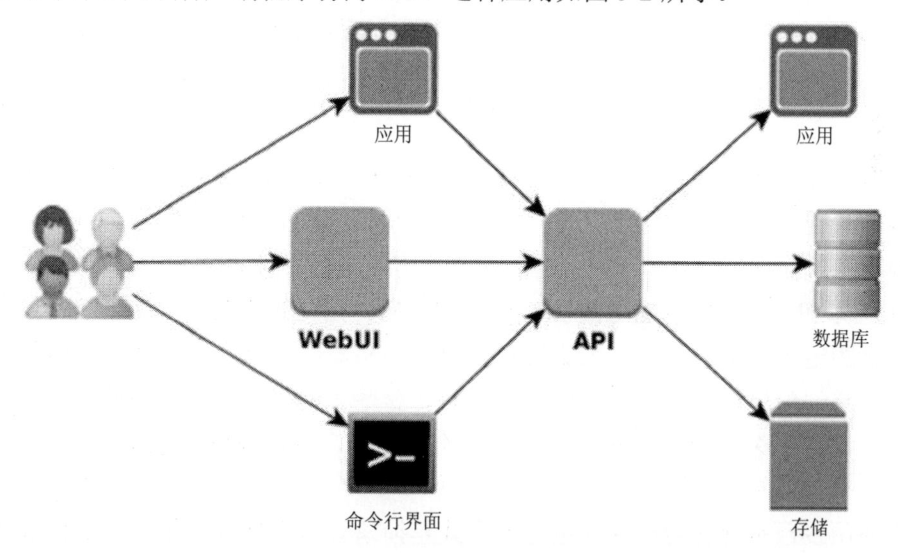

图 5-2

当观察这些组件并构建这个应用时，事实证明，这并不是很复杂。API 层仍然只是一台实例。Web 前端和数据库也都有他们自己的实例。客户端程序和命令行工具不需要自己的实例。它们只是抽象方法，可以让用户直接访问 API。API 也可以直接访问文件存储并与环境中的其他应用通信。最终的结果是，该应用仍然只有三个实例，即便其包含更多的“东西”。

5.4.3　改进 Web UI 组件

为了改进 Web 前端，应用需要扩展到多台实例。使用应用的预计用户量可以作为确定运行 Web 前端所需实例数量的一个准则。同时，用户需要一个访问 Web 服务的一致性方法，而无须担心他们正在连接到哪台实例。这通过将 Web 实例放在一个负载均衡器后面来实现(见图 5-3)。

图 5-3

可能需要解决的一个挑战是，当把 Web 服务放在负载均衡器之后时，Web 服务需要做会话管理，以便跟踪在会话生命周期内的用户活动。会话从用户登录 Web 服务开始，并被赋予一个 Session ID。用户的 Session ID 通过将其嵌入 URL 中或隐藏表单中来跟踪。用户登录后 Web 服务会维护会话信息。当用户退出登录或一段时间后没有用户活动时会话结束。

会话管理的难点通常在于其实现。如果用户使用某台实例登录，但是下一个在某个 Web 页面上的点击将用户发送至另一台不同的实例，将会发生什么？实例之间如何共享会话信息？如果会话信息本地存储在某台实例，那么其他实例甚至可能没有该用户的信息。

大多数负载均衡器都有处理该问题的方式，它们实现一个功能，称为会话关联、持久会话或粘滞会话。该功能所使用的一个方法将用户的源 IP 赋给某台特定的实例，所有来自该源 IP 的流量都会发送至这台实例。另一个方法使用负载均衡器创建的跟踪 cookie，并将所有包含该 cookie 的流量分配到某台特定实例。在负载均衡器中使用持久性会话的一个缺点是固定流量到特定实例大大降低了负载均衡器以合理方式均衡流量的能力。随着时间的推移，仅仅因为用户使用应用的方式，一些实例将比其他实例严重繁忙。如果实例超载，添加更多实例到 Web UI 层可能不会有帮助，因为这些用户永久固定在超载的实例上。

处理使用多台实例的会话管理最好的方式是抽象会话管理到一个所有实例都可以访问的数据库。如果会话信息不在实例本地保存，那么用户点击了哪台实例，甚至用户在同一会话中点击多台实例都不再重要。这也避免了负载均衡器持久会话的问题，因为用户流量不会固定在特定实例上。然而，缺点是用来存储会话信息的数据库也需要以高可用的方式实现。这防止单个数据库宕机导致整个 Web 界面崩溃。

5.4.4 改进 API 组件

为了改进 API 层，也需要扩展应用到多台实例。实例数量可以基于 API 实例的性能来选择，主要表现在处理入站连接、与多种后端通信，并将数据回传至请求源方面。因为 API 层通常使用与 Web 前端所采用的相似的技术来实现，使用多台实例运行 API 的方法类似于 Web 前端所使用的方法。这通过将 API 层放在负载均衡器后面来完成(见图 5-4)。

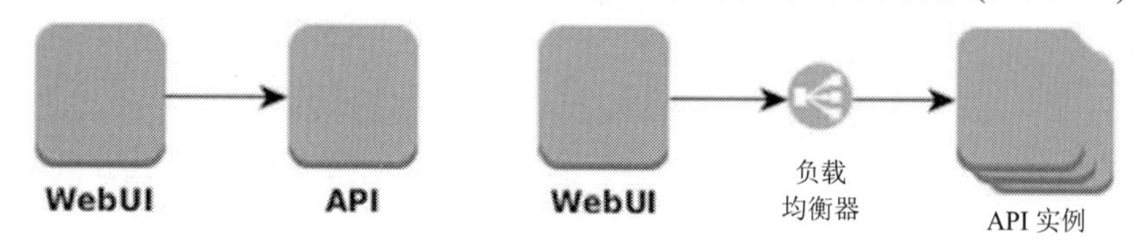

图 5-4

与 Web 前端相比，API 层的一个好处是它不需要跟踪用户会话。这使其更容易运行在负载均衡器后面，因为在任何特定时间哪台 API 实例被选中并不重要。

然而，API 会通过使用认证令牌实现它们自身形式的会话管理。当使用 API 认证成功时，用户会收到认证令牌。然后用户可以在后续每个 API 调用中使用该令牌而无须认证每个请求。一段时间后，令牌会过期并强制用户重新认证，这会更新令牌或者给用户一个新令牌。

API 层通常使用后端数据库管理认证令牌。这意味着如果某个数据库被使用，该数据库需要是高可用的，以防止单个数据库实例宕机扰乱 API 功能。如果 API 使用数据库仅做令牌管理，那么 API 在没有令牌的情况下，可以通过强制用户认证每个 API 请求继续工作。

5.4.5 改进数据库组件

对于数据库层，扩展数据库到多台实例不像仅仅运行多台数据库实例的副本那样简单。对于 Web 和 API 层，实例的确不需要知道关于该层其他实例的任何信息。可以有单台、几台或很多台 Web 和 API 实例，应用将以同样的方式运行。

因此，如何改进数据库层呢？数据库层向外扩展，但它的规模在一个很小的水平。Web 和 API 层可能有几百台实例，而数据库层可能只有几台实例。数据库实例经常复制数据以便每台实例与其他实例都是相同的。数据复制的方式使得数据库层更加复杂。有几种不同的方法可以将数据库层放在一起来提供冗余性并提高性能。

扩展数据库层的一个比较流行的方法是运行 MySQL Galera 群集。Galera 群集允许多个 MySQL 实例相互通信并复制数据。它运行在 Multi-Master 模式下，这意味着读/写操作可以发生在群集中的任意实例上。当提交一个事务时，数据被复制到所有实例，只有当该数据成功写入所有数据库时，才会返回成功(见图 5-5)。

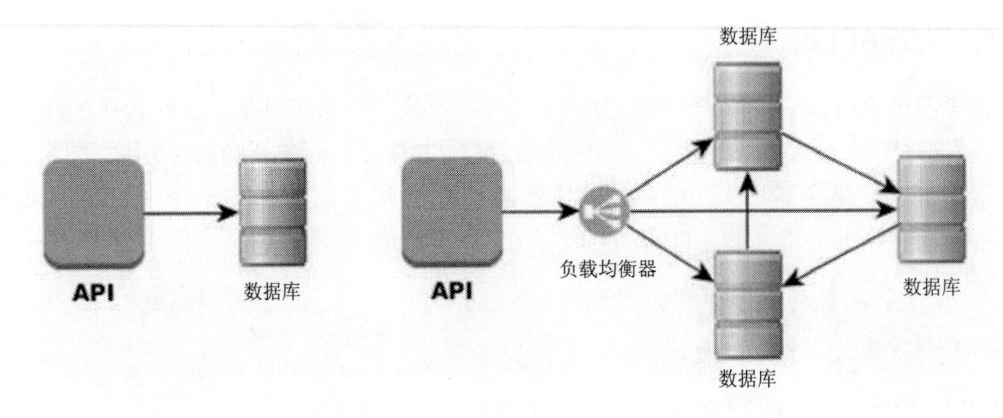

图 5-5

扩展数据库层的另一个方法是运行 MySQL 群集。一般来说，MySQL 群集设置在两组不同的节点上，SQL 节点和数据节点。API 层与 SQL 节点对话，它决定数据的存储位置，然后对合适的数据节点执行所需要的查询。数据可以分成小块，称为分片，并存储在数据节点的一个子集中。复制在群集中成对的数据节点中发生。数据节点越多，分片越多，数据将分布到整个群集(见图 5-6)。

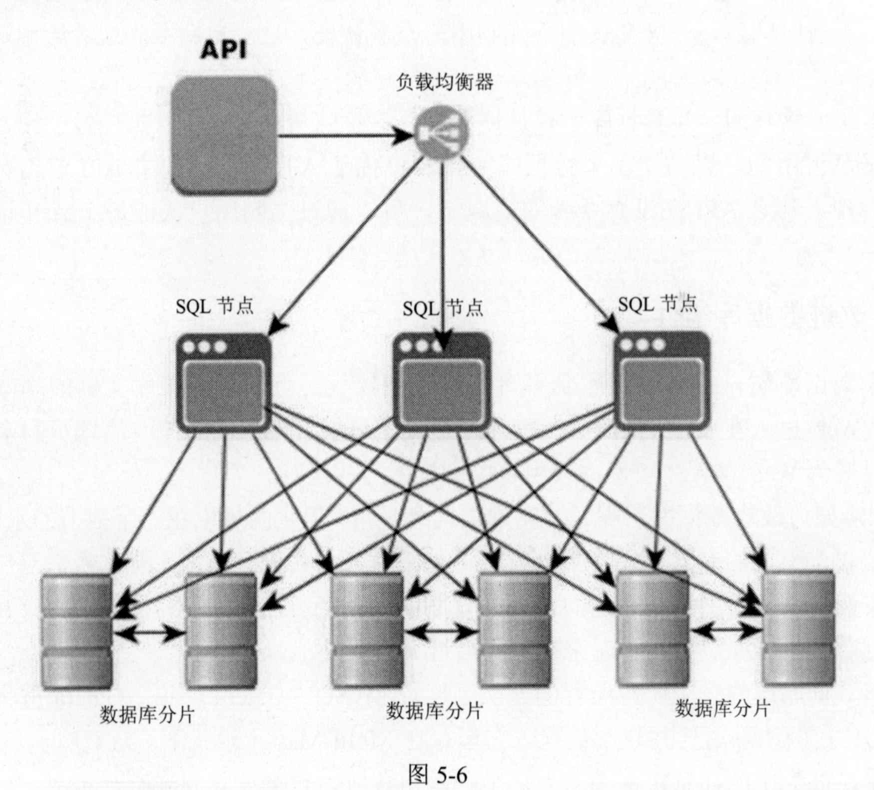

图 5-6

运行 MySQL 群集的一个优点是它可以扩展到更多实例。添加的实例越多，数据在群集上的分布越多。然而，MySQL 群集对延迟更加敏感，它需要更多的 CPU 和内存资源来高效运行。应用可能需要重写以利用数据分片，否则，单个查询可能会选中每个数据节点并导致性能下降。

对于 Galera MySQL 群集，从应用的角度来看，只需要很小的改动。它没有数据分片，因此每台实例都有一个完整的数据副本。然而，这也会带来缺点，因为群集中的实例越多，需要复制到其他每台实例的数据越多。一般来说，这就是 Galera 群集很小的原因，通常至少有三台实例，但不会更多。运行 Galera 群集时需要考虑的另一个方面是，在任何时候，群集中必须至少有 50%的实例在运行。如果群集运行实例的数量低于 50%，整个群集会停止并且数据库会脱机。将群集恢复上线而无须修改群集配置文件有时会非常困难。这就是群集至少需要三台实例的原因。如果一台实例丢失，群集中仍有大部分的实例来保持其运作。

另一个方法将上面的群集概念和多台只读数据库后端结合起来。这通常称为 write-master/read-slave 设置。如果应用需要写入数据，那么写入操作总会指向 write-master 数据库。如果应用需要读取数据，那么读取操作会交给任意数量的可用的 read-slave 数据库。write-master 可以设置为 Galera 群集或 MySQL 群集，read-slave 可以在一个非群集化的设置中作为独立的 MySQL 服务器。通常，read-slave 使用诸如 Memcached 之类的缓存软件来进一步提高读取速度。可以使用负载均衡器在所有 read-slave 节点间均匀分发读取请求。当一台 read-slave 节点最初启动时，它可以从 write-master 节点拉取任何需要的数据，一旦所有数据加载完成并验证通过，它会将自己加入 read-slave 集合并开始接收流量。这个模型更加复杂，但是它在扩展方面的确提供了更多的灵活性(见图 5-7)。

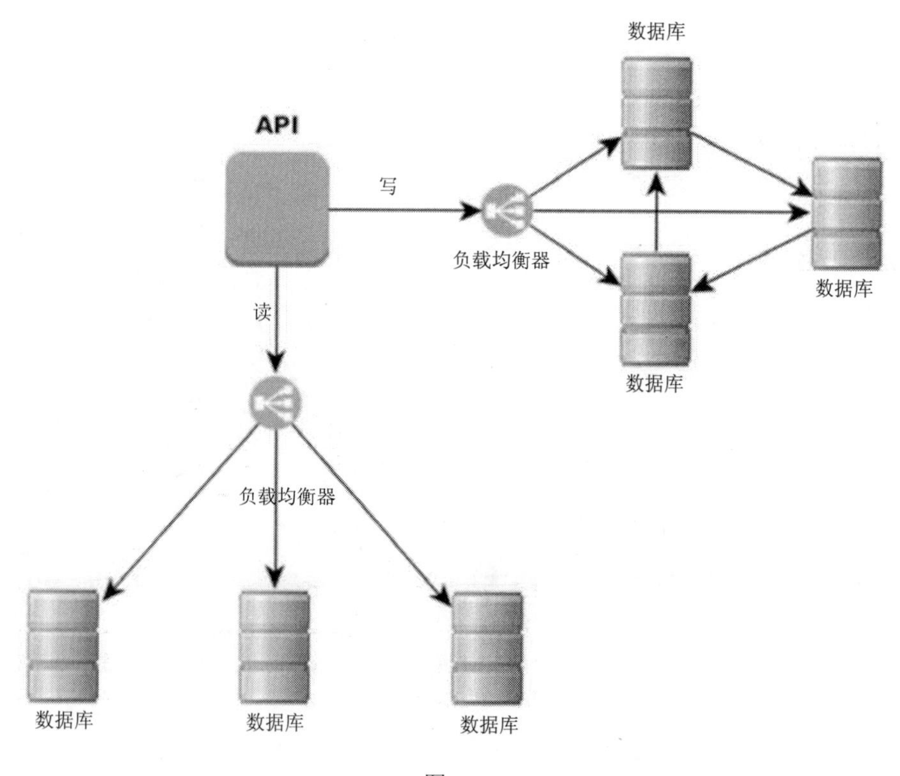

图 5-7

上面的例子使用 MySQL 作为示例数据库。其他数据库也可以放入 OpenStack 云，并且有着相似类型的配置。例如，MongoDB 和 PostgreSQL 支持原生的群集和复制。有些数据库甚至对 master-write/read-slave 有着天然的支持。一般情况下，应该调研所选的数据库解决方案包含哪些类型的功能，并利用它所提供的高可用性选项。

最后，必须指出另一个潜在的数据库层的改进，就是利用数据库即服务(Database-as-a-Service，DBaaS)。在 OpenStack 中就是 Trove，它在第 2 章中讨论过。如果 OpenStack 云有一个可用的 DBaaS 解决方案，看看它提供了什么功能，以及它如何在应用中使用。卸载数据库模块到某个服务大大简化了应用，并且提供了额外的高可用性和数据保护，而不必重新发明轮子。

5.4.6　将所有内容组合在一起

目前每个层都已经讨论过，现在是时候将它们组合在一起了。用户通过单一路径进入应用——负载均衡器，然后被路由到几台 Web UI 实例中的一台。Web UI 层也通过一个负载均衡器与 API 实例对话，每个 API 请求在所有 API 实例间分发。API 层通过一个连接到后端群集的负载均衡器与数据库进行对话(见图 5-8)。群集被设置为 Multi-Master，允许任意数据库实例被 API 实例选中。

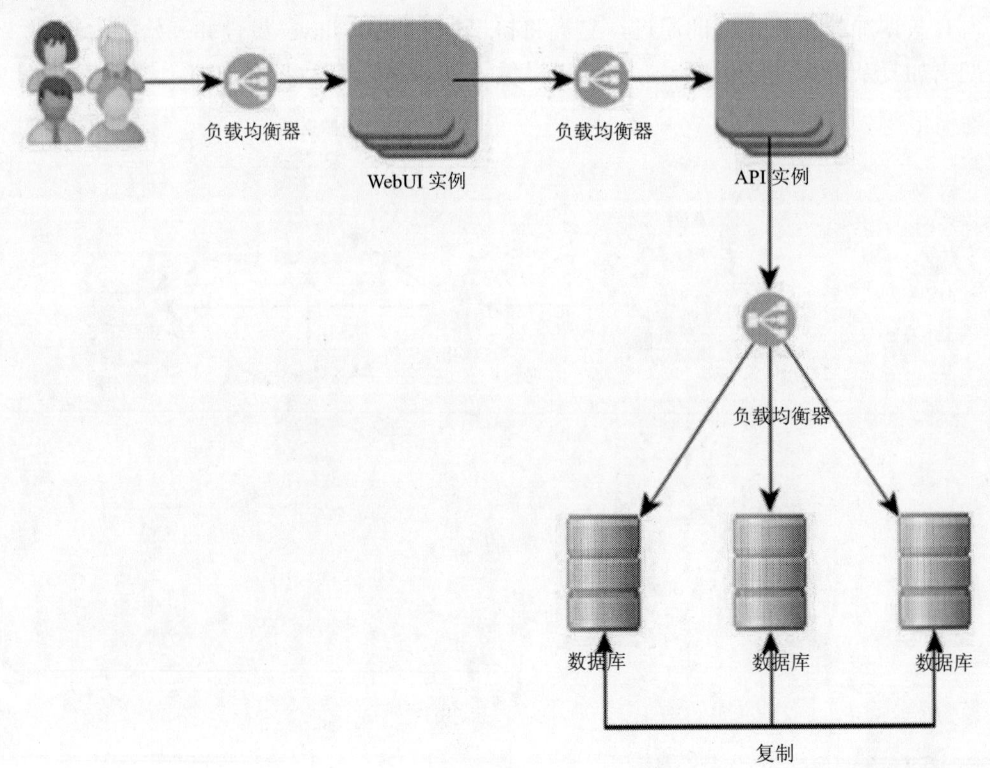

图 5-8

5.4.7 多区域实例

上面列出的许多改进通常应用在区域层面上，这里所有的实例都在同一个区域。应用的各个部分有可能存在于多个区域。例如，Web UI 和 API 层可能存在于同一个区域，而数据库层在另一个区域。然而，理想情况下，所有各层需要运行在多个区域。

在多个区域运行任意层的主要技巧是使用负载均衡。每个区域的每个层仍然有自己的负载均衡器，但是还有一个全局负载均衡器，将流量路由到每个区域负载均衡器。如果能够使用 GSLB，这将是跨多个区域分布应用的完美用例，因为流量可以被重定向到地理位置最接近用户的区域。图 5-9 展示了如何组织 Web UI 或 API 层以使其工作在多区域的 OpenStack 云中。

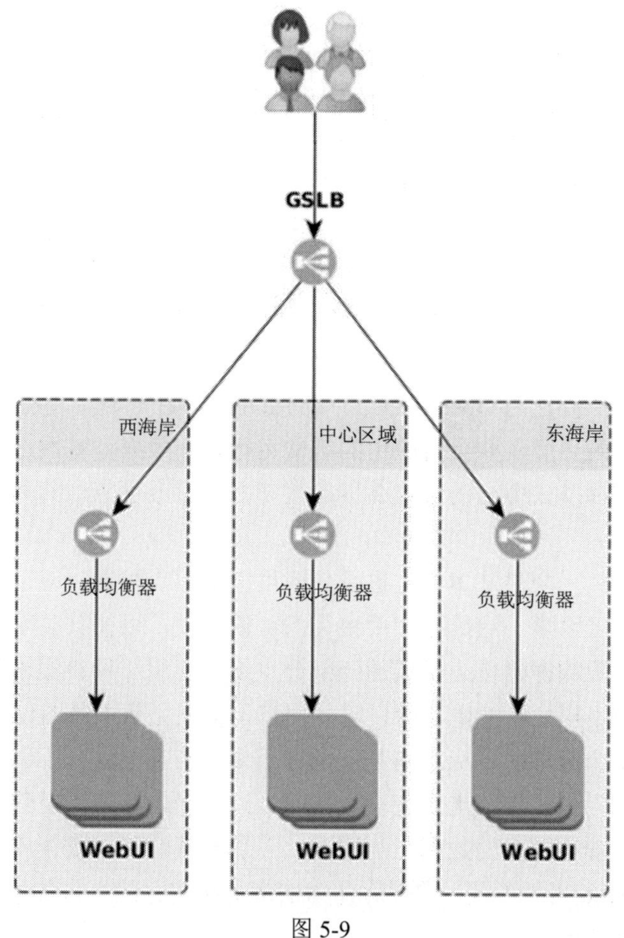

图 5-9

对于数据库层，同样使用 GSLB 重定向流量到地理位置最接近的数据库。然而，它可以通过将 GSLB 当作主要负载均衡器，并将区域数据库作为同一群集中的数据库实例来进行简化，而不是将每个区域抽象为它们自己的负载均衡器和数据库群集。这个设置中的另一个简化是每个区域只需要两台数据库实例，因为即便一台实例宕机，所有区域中还有大量的实例来保证有 50%以上的群集运行正常。图 5-10 展示了多区域数据库设置的例子。

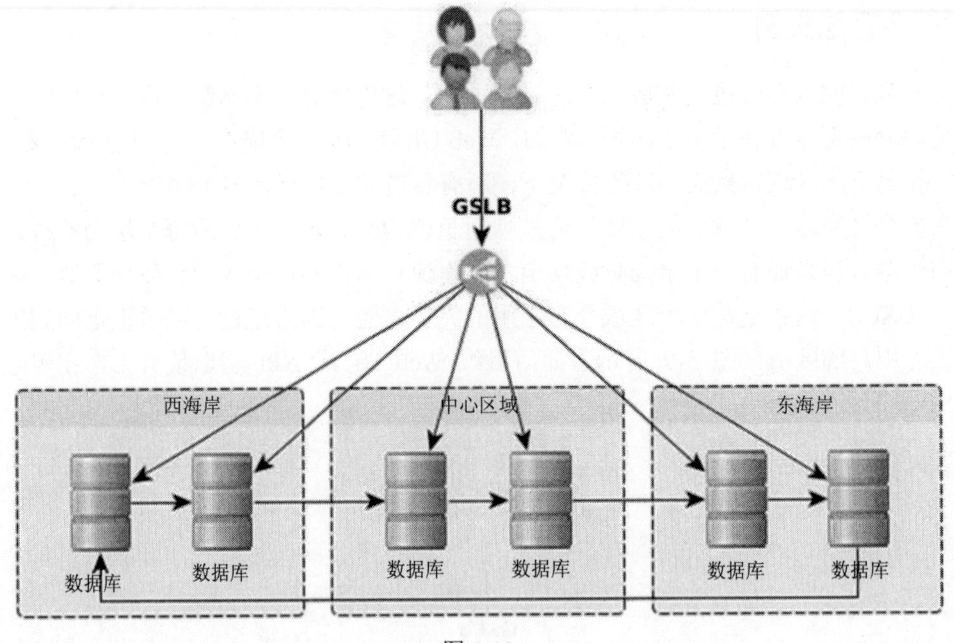

图 5-10

5.5　小结

现在我们已经将所创建的 OpenStack 云示例应用组合在一起。然而，比较好的想法是，假设云是一个不友好的环境，并会对应用的正常运行及其数据完整性造成风险。了解应用会发生什么样的事情以及云中会出现什么样的故障打开了改进应用的大门，使其在故障发生时仍然能够存活。

应用在云中进行的一个最基本的改进是使应用能够按需扩展。应用需要在区域内水平扩展并且需要扩展到多区域。这给予应用更强的可恢复性，以便其某个部分宕机时不会拖垮整个应用。使用负载均衡器作为扩展的一部分也给予应用一种自我修复能力，允许不可访问或功能异常的应用模块从池中移除，以便用户不会在无意中试图使用它们。

当观察应用的单个组件时，应用的某些部分需要以与其他部分不同的方式进行改进。例如，Web 组件可以向外扩展而无须花费很多精力。然而，数据库组件通常不能向外扩展太多，因为扩展使得管理背后的数据更加困难，并影响其性能。数据库可以向外扩展，但它们的扩展方式与 Web 组件不同。数据库作为实例群集进行最有效的管理，本章提出了几种在云中运行数据库的方法。

本章提出的建议只是冰山一角。有很多种不同的改进应用的方法，我们鼓励开发人员联系 OpenStack 社区并调研其他开发者在构建云应用时所使用的技术。下一章，也是最后一章，将把云应用带到更高级别，因为简单地构建云应用还不足以使其在云上运行。以自动化、动态的方式将应用部署到云也为开发人员带来了挑战。

第 6 章 部署应用

本章内容

- 不同虚拟化技术的概述以及它们之间部署方式的区别
- 了解 OpenStack 中可用的编排工具
- 讨论配置管理的作用
- 在云部署中监控的最小角色
- 深入讲述应用扩展和弹性
- 讲述一个关于如何将所有内容结合在一起的示例并在OpenStack驱动系统中部署一个现代应用
- 关于补丁和更新的一些考虑

devops 可能是你最近听说过的一个名词。它是对某个人(或某个团队)解决应用开发和应用环境配置/维护问题的描述。

多年来，服务器管理员的角色已经完全不同于应用开发者的角色。每个角色需要非常具体的技能，devops 作为一个艰难的折中方案有很多可以讲述。然而，这个词用来描述在OpenStack 驱动环境中部署应用再合适不过。

当谈到将应用部署到云时，它有一个稍微不同的定义，而不是传统上的意义。传统部署往往集中在将更新部署到应用或应用某个部分的初始部署。然而，OpenStack 和其他基于云的技术，使得以编程方式部署软件以及运行应用所需的所有服务器、存储和网络成为可能。

正如将要看到的，它有许多好处，并且能够以多种不同的方式完成。本章将讨论这些技术，在它们之间如何做出选择，以及如何使用它们来快速部署一个弹性应用——这在基于硬件的世界几乎不可能做到。我们将以一个简短的讨论结束，讨论这个新定义的部署对传统软件修补和更新过程的影响。

6.1　裸机、虚拟机和容器

在确定部署方式之前，首先确定要部署的内容。看看第 4 章和第 5 章开发的示例应用，首先要部署的是一些服务器。但是，这些章节中没有过多讨论的内容是这些服务器使用的虚拟化类型。

OpenStack 允许实现它的人选择他们自己的虚拟机管理程序、存储设备和网络设备，也允许开发人员自己决定他们想要什么类型的虚拟化来用于项目/应用。实例或服务器可以作为一台全物理服务器、一台虚拟机(VM)或一个容器(存在于虚拟机或真实硬件之上的隔离进程空间)来启动。

在这三种技术之间做出的选择将决定如何部署应用。你会发现每种技术都有坚定的捍卫者，但是最终选择往往是因为微妙的妥协和个人偏好。因此，在往前推进之前了解它们的区别非常重要。

6.1.1　裸机

裸机配置正如听起来的那样：在物理硬件上创建服务器。在 OpenStack Juno 版本中，裸机配置从 Nova 驱动移动到它自己的服务，称为 Ironic。硬件通过 Ironic API 注册，但是一旦正确配置后，服务器仍然按照与虚拟机同样的方式通过 Nova API 或 Horizon 部署(见图 6-1)。

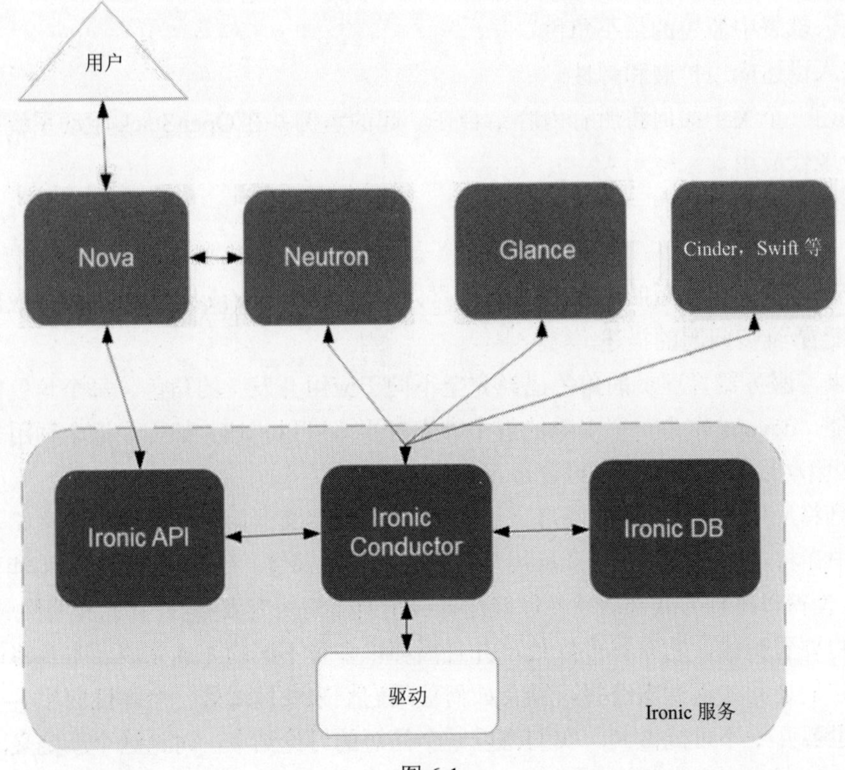

图 6-1

当需要最高性能和稳定性的时候，主要使用裸机服务器。虽然这些年来虚拟机和容器的开销已经有所下降，但是没有所谓的软件不消耗内存和处理器时间。在使用裸机的情况下，磁盘 IO 和 CPU 优先级都会得到保证。如果应用的一部分是不能轻易虚拟化的 GPU 或其他硬件设备，那么裸机服务器也是一个不错的选择。

此外，即使性能不是最关心的问题，有时出于监管的原因，需要部署裸机服务器。硬件隔离在 OpenStack 驱动的环境中提供了绝对最大数量的服务器的安全性。

这就是说，如果性能和隔离性是其优点的话，那么效率和灵活性是其主要缺点。裸机服务器的细分程度不能超过它们的固定组件。这要么会留下很多未充分使用的硬件，要么会导致开发人员在每台物理服务器上搭载很多应用。

将运行在裸机上的应用升级到配置更高的硬件，通常意味着当进行硬件变化时需要下线应用，或者有各种现有的硬件。这有它自身的弊端，并且移除了很多诸如 OpenStack 之类的系统提供的好处。从小处开始，快速升级并提供许多隔离环境，是采用其他虚拟化选择的很大的原因。

6.1.2 虚拟机

从 OpenStack 上部署服务器的角度来看，虚拟机目前仍是行业标准。多个虚拟机运行在单个管理程序之上，管理程序本身运行在单个操作系统之上，操作系统驻留在物理硬件的一部分(见图 6-2)。

图 6-2

虚拟机最大的优势在本章先前已经提到了。虚拟机允许将一个大的物理服务器分割成许多更小的隔离服务器。它们每台都有独立的配置和独立运行的应用。这避免了搭载，并防止运行在同一台服务器上的某个应用拖垮另一个应用。

升级或降级虚拟服务器也是一件简单的事情，通过向 OpenStack 请求一个不同的 flavor 来完成。这不仅方便测试和调优应用性能，而且对于任何给定环境，大大减少了所需硬件的数量。毕竟，当可以立即部署一台含有更多资源的新服务器时，没有必要做最坏的打算。

就这种虚拟化来说，当然会有所取舍。虽然 OpenStack 可以配置为允许超额分配资源，一般来说，一旦内存、CPU 和磁盘空间的其中之一从给定的硬件全部分配出去，剩余资源就无法再分给另一台实例，这实质上造成了浪费。调度器也有可能找不到可以满足所有需求标准的单个硬件部分。例如，即使一个群集总共有几百 GB 内存，如果没有单台宿主机有超过 15GB 内存的空闲空间，而此时有一个 16GB 的服务器创建请求，那么创建就会失败。这就是总是尽量部署在最小的计算单元上的原因。

虚拟机管理程序会损耗一些性能。虽然这些年来，这项技术有了很大的改进，但是在主机操作系统和设备上转发调用请求不是没有消耗的。这里的开销很难计算，会因操作系统、设备和所涉及的软件而不同，但是可以很容易地高达 15%。对于较小的环境，这个开销量不会很大，但是对于较大的安装环境，这种开销会影响很大。接下来是容器。

6.1.3　容器

容器是一件新兴事物。虽然它基于老的技术(各种形式的容器已经存在多年)，几年前引入的用来轻松创建新容器的 Docker 工具集，促使大企业(谷歌、亚马逊和微软)开始采用这种技术。

有几种不同的容器类型，包含 LXC、BSD Jails 和 OpenVZ。LXC 获得了最大的关注，可以按照几种格式包装——最常见的是 Docker 和 Rocket。这些容器类型、格式和打包技术之间有日益扩大的差异，但是一般来说，它们做同样的事情。它们中的每个都提供了创建虚拟化环境的软件来模拟完整的虚拟机。其中的技巧是每个容器都不使用操作系统内核。从每个容器对内核的调用由对单个进程的调用取代，进程运行在每台物理服务器主机操作系统的单个实例上。这意味着不存在虚拟机调用多个内核的开销(见图 6-3)。

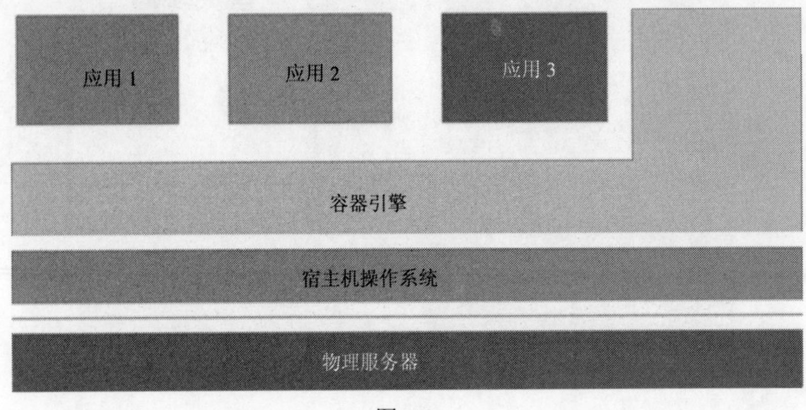

图 6-3

与虚拟机或裸机相比，毫无疑问，容器有很多优势。容器允许应用代码和服务器配置同时部署，因为容器镜像可以同时包含二者。它们比一个完整的操作镜像部署快得多，因为它们只是一小部分(几 MB 大小)，它们可以为开发或测试(实际上可以是正向测试或反向测试)提供应用(包含其配置)的精确副本。

根据请求对象和应用细节，容器比 hypervisor 驱动的相应技术快得多。原生主机操作系统的内核和调度器决定哪个进程获得 CPU 时间，而不是首先经过每台 VM 的调度器，然后再由另一个主机操作系统的调度器决定哪个 VM 进程获得 CPU 时间。使用容器也可以获得更大的密集性。内存中更小的镜像和更少的内核意味着更小的计算单元和更多的成本节约。

一般来说，容器带来的新刺激是名不虚传的，但是必须承认，对于 OpenStack 部署来说，容器并不是一个高招。

一台机器(或 pod)上的容器必须共享同一个内核/操作系统。如果应用需要更改内核，或者在单个硬件上想要托管多种操作系统，这会有一定的影响。

如果容器中的任何一个有不可信的来源的话，部署容器时也会有安全隐患。用户逃离他们的容器并闯入另一个容器的漏洞最近被证实，它进一步证明了这样一个事实，容器不是一个放之四海而皆准的解决方案，至少目前还不是。

容器最大的障碍是它们还不是 OpenStack 的一级对象。现在，容器必须在虚拟机上部署和配置，虚拟机本身由 OpenStack 管理。它们的关系图看起来有点不同(见图 6-4)。

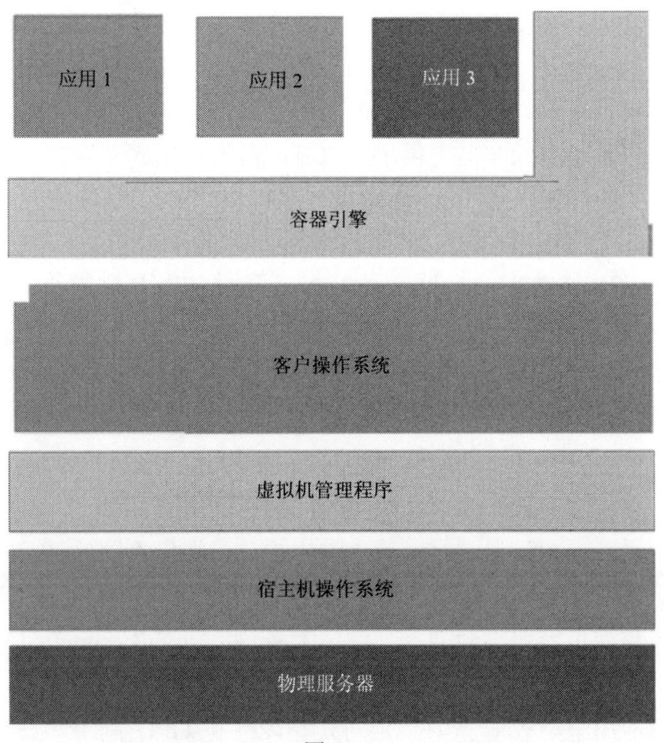

图 6-4

如果每个客户都有他们自己的虚拟机来运行容器，那么容器可以提供与虚拟机同等的隔离性/安全性，但是这种场景下，OpenStack 实际上不会意识到容器的存在。调整容器大小和容器配置必须在 Nova 之外进行。需要在 Neutron 之外进行额外配置来创建私有网络并处理入站连接。容器不能在 Horizon 上可见并管理，除了容器守护程序之外的管理程序的性能损失实际上比单独运行虚拟机时的性能损失要大。

还有一些不错的第三方选择，例如 Cloudshift 和 Cloudify，他们提供了容器配置管理。然而，这仍然发生在 OpenStack 之外，一旦容器在裸机上可用，这些工具放置于何处还有待考察。

6.1.4　裸机上的容器

当谈到在 OpenStack 驱动环境中的裸机上的容器时，通常不仅仅指直接在主机操作系统上运行容器的概念。

这理论上可以通过启动一台裸机服务器，加载一个标准 Linux 发行版操作系统(或者一个容器专用操作系统，例如 CoreOS 或 RancherOS)，并在其上运行 Docker 或其他容器系统。这种做法与单独的裸机相比有一些好处，比如能够划分硬件。遗憾的是，它仍缺乏由 OpenStack 提供的编排和管理功能。

通常，当提到裸机容器时，它们指的是几个新的项目，旨在提供去除管理程序之后的高效性，以及使 OpenStack 把容器作为一级对象进行管理的能力。

这些项目中的其中一个是 Magnum，在前面的第 3 章已经讨论过。它从 Kilo-2 版本开始可用，并使得诸如 Google Kubernetes 和 Docker Swarm 之类的编排引擎可以用于容器管理。其模式略微不同，并引入了诸如“pod”和“bay”之类的东西，但是一般来说，它为直接运行在主机操作系统上的容器提供了虚拟机风格的管理。

理论上，裸机上的容器提供了所有最好的东西。它提供了容器的性能/密集型、虚拟机的原生管理，以及几乎与裸机一样的性能(根据一些早期的基准)。

遗憾的是，正如许多革命性的技术一样，Magnum 不总是可用的，其所支持的编排引擎，例如 swarm、Mesos 和 Kubernetes，仍需要一段时间变得成熟和稳定。在 Mangum/OpenStack 之外还有一些第三方的选择，例如 Cloudify，它提供了有趣的解决方案和支持，但是，你可能会发现自己在裸机、虚拟机和典型管理的容器之间选择很长一段时间。

6.1.5　为问题选择正确的技术

从部署的角度看，虚拟机通常是最简单的方式。与裸机不同的是，它很高效并且可以用一个命令进行扩展。与传统容器不同的是，它们可以通过 OpenStack Horizon 和各种 API 进行原生的管理。与裸机容器不同的是，它技术成熟，Nova/Compute(与 Magnum 的情况截然相反)绝对可用。

在我们的示例应用中，Web 或其他层对定制硬件和 GPU 利用率没有具体的要求。它们似乎也不需要硬件级别的性能或硬件级别的隔离性，因此裸机不是必需的。如果使用本地磁盘驱动器，有时会在 MySQL 服务器中使用裸机(由于性能的原因)，但是一般来说，只要提供足够的内存以免其过于频繁地访问磁盘，就不会有问题。我们也不会在这些层部署过多的服务器，容器的开销更小将真正发挥作用。这里所列举的所有情况下，我们没有理由不选择部署标准虚拟机，而选择其他技术。

如果这是一个真正的生产项目，在做决定前需要考虑一些其他的东西：你的团队有什么专长？OpenStack 环境有哪些可用的技术选择？该应用在内部还是在其他地方发布？这些问题的答案会影响你的决定。大多数情况下，选择其中一种会使事情变得更简单，但是混合环境也是一个合理的部署方式。某些系统(Hadoop，MySql 等)会从裸机最大化的性能和稳定性中得到好处，同时也可以为其他组件部署预先配置的容器或空闲虚拟机。

无论选择什么，都需要考虑它对应用部署的影响。例如，诸如 Heat 之类的一些工具只能用于像虚拟机这种一级对象，而不能用于容器(就目前来说)。或者，选择裸机可能需要将应用的某些部分搭载到单台服务器上。不管怎样，本章中的剩余议题：编排、配置和扩展都建立在这个最初的选择上，所以请做一个明智的决定。

6.2 编排和配置管理

现在，已经为每个类型的服务器选择了一个虚拟化技术，实际上需要对它们进行启动和配置。还需要设置应用网络并配置合理的安全组和限制条件。这都在第 4 章和第 5 章的示例中手工完成，但是，在实践中，部署云应用不仅仅是将 OpenStack 用作提供服务器和(或)一系列可用服务的自助服务门户(IaaS)。拥有脚本化构建环境的能力将带来巨大的优势。同时，认为应用运行在一个典型环境(以同样的方式部署和配置)中会导致绝对的灾难。

在典型配置的环境中，你可能会拿到一台强大服务器的访问权限，并花费几个小时/天/周的时间进行手工配置，然后将应用部署到这台服务器。它会运行良好。现代服务器使用磁盘阵列、多电源构建，并拥有容错性。发生故障时，冗余组件可以接管并避免停机时间。

正如前面第 5 章所讨论的，基于云的应用的可恢复性不依赖于硬件冗余。相反，通常使用标准硬件，多台服务器和隔离的应用层会增加可恢复性。任何给定的服务器被锁定，并停止接收服务请求，或者直接消失都是可恢复性设计的一部分。即使使用更健壮的硬件，当只需单击一个按钮就可以删除所有精心配置的服务器时，拥有快速重建服务器的能力就显得非常重要。

这就是将环境的编排和配置脚本化的原因，它是任何基于云的应用部署的一个重要组成部分。这样做不仅提供了预先描述的好处，也在不同的服务器和文档之间保证了一致性，也是研究 devops 技能的好机会。这也讨论示例应用如何增加弹性的基础，你很快就能看到。

6.2.1 编排工具：Heat、Murano 和 Cloudify 等

就像我们在决定采用何种方式部署之前，需要看看所有的虚拟化选项，那么在采用何

种编排方式之前，看看所有的编排工具非常重要。关于这一点，有几种广泛应用的选择，通常被称为编排技术或工具。

第一点要做的就是从头创建脚本。没有什么理由不采用你所选择的语言。计算、网络和平台 API 提供了所有所需要的基础。只要应用和 Keystone 项目之间是 1 对 1 的，那么 Horizon 甚至可以为环境提供一个非常清晰的可视化/检查界面。这是一个很好的选择，但它需要大量的初始工作，这是一种常见的编排方案。当处理存在于 OpenStack 之外的组件或服务时它会非常有用。

就集成解决方案而言，Heat(OpenStack 的主要编排组件)是一个显而易见的选择。它的模板文件允许以一种记录良好的文档方式描述环境。使用 Heat 避免了一些手工编写脚本的繁琐工作，例如必须提供详细的输出和错误处理。Heat 也支持几种不同的配置管理工具，简化了部署流程的后续步骤。

Murano 是程序化编排的另一个选择。正如前面所讨论的，它提供了一个应用目录，以及将应用打包成第三方 zip 包的方式。连同所有向导和编排脚本一起打包 Murano 应用是不必要的，除非计划在其他 OpenStack 环境中发行应用。本质上，Murano 更关注发行而不是编排，因此它通常不是自定义应用的推荐部署方式。

当然，没有成熟的第三方应用来提供替代解决方案，OpenStack 中没有一个概念是完整的。Cloud Foundry 和 Cloudify 都提供编排功能。如果这些在 OpenStack 安装中可用，它们绝对值得一看。它们的成功，部分原因是因为友好的用户界面和简化编排过程的能力。然而，因为它们通过本地 API 与 OpenStack 进行交互，该 API 与你访问 OpenStack 所使用的 API 相同，所以不能通过手工脚本或 Heat 来完成的任务，它们也无法完成。

最后，还有一些新公司，例如 Rancher Labs，以及一些诸如 Kubernetes 和 Mesos 的项目，开始提供针对容器的编排方案，这些方案在 OpenStack 之上或与 OpenStack 协同工作。这些都是虚拟化的前沿技术，在被广泛采纳之前本身可能会发生很大变化。然而，如果你正在寻找针对容器的解决方案，则需要跨越多个云，或者对 Rocket、Docker 或类似技术有使用经验，那么这些方案值得一看。

因为我们为示例应用选择使用虚拟机而非容器，并且该应用不用于广泛发行，这样就有两种较好的编排选择：手工编写脚本和 Heat。如果示例是一个更复杂的应用或者有一些不能在 Heat 中管理的组件，那么原始脚本编写是比较合适的方案。也可以使用 Heat 作为更大脚本的一个组件，因为本质上它也是一个 API。但是，Heat 有良好的文档格式并提供一个简化的系统，用来与示例应用所使用的不同的 OpenStack 组件进行交互。这使其成为目前为止最好的选择，本书的剩余部分将集中在 Heat 部署模板的使用。

6.2.2　配置管理和云初始化

如果说编排发生在服务器之上，那么配置管理一般认为需要在服务器层或服务器层之下进行修改，以便使应用启动并运行。添加特定软件，更新配置文件，甚至从 Git 获取应用都在配置管理的保护伞之下发生。就示例应用来说，这可能意味着使用 Apache 的 Web

层、使用Node.js/Python的其他层、使用MySQL的数据库层以及各自的配置文件。

Puppet和Chef是配置管理的真正标准，在深入了解它们之前，另一个称为Cloud-Init的工具值得花时间探索一下。从技术上来说，它仅仅是一个Linux包，处理云平台实例的早期初始化工作。从开发人员(或 devops)的角度来看，它也是服务器启动之后运行脚本的最简单的方式之一。

选择在脚本中执行什么任务以及采用哪种语言取决于你。Cloud-Init仅运行你所告知它执行的任务，作为Nova API调用的一部分，将脚本放在user_data下，或者通过Heat按照如下方式实现：

```
heat_template_version: 2014-10-16
description: Simple template to deploy a single compute instance
parameters:
 image_id:
  type: string
  label: Image ID
  description: Image to be used for compute instance

resources:
 web_server:
  type: OS::Nova::Server
  properties:
   image: { get_param: image_id }
       flavor: m1.small
   user_data_format: RAW
   user_data:
    #!/bin/bash
    echo "You just ran this command!"
```

这个例子中，首先会启动服务器，然后会执行user_data中的命令，“You just ran this command!”将输出到命令行。如果它作为启动顺序的一部分在Horizon中可用，实际上可以通过spice-console看到该输出信息。

如何在此概念上扩展来配置符合需求的服务器应该非常简单。应该简单地编写一个脚本来安装XYZ并将其作为Heat模板的一部分，而不是启动之后手工安装XYZ。一个更有用的例子如下所示：

```
heat_template_version: 2014-10-16
description: Simple template to deploy a single compute instance
parameters:
 image_id:
  type: string
  label: Image ID
  description: Image to be used for compute instance
```

```
resources:
 web_server:
  type: OS::Nova::Server
  properties:
   image: { get_param: image_id }
      flavor: m1.small
   user_data_format: RAW
   user_data:
    #!/bin/bash
    yum install -qy git
    yum install -qy npm

    git clone https:/github.com/folder/package.git /var/usr/share/app
    node /usr/share/app/server.js

    echo "You just installed and started a node app!"
```

该模板创建的堆栈将创建一个使用特定镜像的低配服务器。然后它将使用 Git 和 NPM(Node.js)进行配置，因此你可以从 GitHub 下载一个项目并启动。对示例应用来说，针对每种不同的服务器类型将插入不同的安装和配置脚本。

根据 OpenStack 配置和基础镜像，Cloud-Init 的 Cloud configYaml 格式也可能可用。它提供了一些出色的功能而不需要编写很多代码。将前面的例子进行转换，结果会是这样的：

```
heat_template_version: 2014-10-16
description: Simple template to deploy a single compute instance
parameters:
 image_id:
  type: string
  label: Image ID
  description: Image to be used for compute instance

resources:
 web_server:
  type: OS::Nova::Server
  properties:
   image: { get_param: image_id }
      flavor: m1.small
   user_data_format: RAW
   user_data:
    runcmd:
     - yum install -qy git
     - yum install -qy npm
```

```
- git clone https:/github.com/folder/package.git /var/usr/share/app
- node /usr/share/app/server.js
- echo "You just installed and started a node app!"
```

这是一个非常简单的例子，但是 Cloud-Init 是一个相当复杂和强大的系统。进一步了解 Cloud-Init 以及获取关于如何使用 Cloud config 格式配置服务器的更多示例，请访问 http://cloudinit.readthedocs.org/en/latest/topics/examples.html。

6.2.3 Puppet、Chef、Salt 和 Ansible

Cloud-Init 是一个通用的系统，用来运行脚本，而不管你想达到什么目的，然而，还有很多专项的配置管理工具。Puppet、Chef、Salt 和 Ansible 不是这个领域的唯一选择，但它们绝对是具有竞争力的产品，如果把它们用作以 OpenStack 为后端的环境部署的一部分，那么它们有一些重要的相似和差异之处需要考虑。

首先，所有这些应用共享即插即用模块(module)的理念(在 Chef 中称为 recipe，Ansible 中称为 playbook)。这些预构建模块是它们与使用 Bash 或像 Cloud-Init 之类的其他脚本工具配置服务器的最大不同之处。模块在公共资源库中可用，任何人可以提交到库或从库中获取，类似于 Python 中的 PIP 或 Node.js 中的 NPM。另外，它们都尝试提出一个简单的语言/结构来描述服务器配置，处理安装错误，并以不同的角色为服务器提供不同的配置。它们的格式相似——JSON、YAML 等，但是实际的语法和方法是专有的，并且不能跨方案移植。

构建语言，安装客户端的必要性(例如，Ansible 不需要安装)，以及 Module 库的广度和深度，是这些工具之间真正的区别。与大多数技术一样，你会发现每个工具都有热情的支持者和反对者，但在大多数情况下，它们的功能是对等的。事实上，这些工具的相似性，以及能够为其使用开发通用语法的能力，是 OpenStack 中对这些工具的支持越来越多的原因。

下面是一个简单的 Puppet Manifest 例子，用来配置一台运行 Apache 和 PHP 的服务器：

```
# install apache
package { 'apache2':
 ensure => installed
}

# start apache and ensure its running
service { 'apache2':,
 require => Package['apache2'],
 ensure => running
}

# install php
package { 'php5':
 require => Package['apache2'],
```

```
 ensure => installed
}

#create an info.php file to show that this all worked
file { '/var/www/html/info.php':
 ensure => file,
 content => '<?php phpinfo(); ?>',
 mode => 0444,
 require => Package['php5']
}
```

正确安装 Puppet 客户端并将前面的文件保存为 manifest.pp 后，可以按照如下方式执行模板：

```
$ sudo puppet apply ./manifest.pp
```

Puppet 会进行任何错误处理，基于 require 语句内容决定事件的发生顺序，并处理所有操作系统类型相关的差异。例如，使用这些工具，不需要为通过 Yum 安装软件的 CentOS 编写一个脚本，为支持 apt-get 安装的 Debian 或 Ubuntu 再编写另一个脚本。

正如之前所提到的，Heat 实际上以 SoftwareConfig 资源的形式为所有这些工具提供了 hook 功能。如果你的配置支持 Chef，那么设置 Wordpress 的 Heat 模板如下所示：

```
resources:
 wordpress_config:
  type: OS::Heat::SoftwareConfig::Chef
  properties:
   cookbook: http://www.mycompanycom/hot/chef/wordpress.zip
   role: wordpress
   # input parameters that the chef role(s) need
   inputs:
    wp_admin_user:
     type: string
     mapping: wordpress/admin_user
    wp_admin_pw:
     type: string
     mapping: wordpress/admin_password
    db_endpoint_url:
     type: string
     mapping: wordpress/db_url
    # various other input parameters …
   # Have chef output the final wordpress url
   outputs:
    wp_url:
```

```
type: string
mapping: wordpress/url
```

https://wiki.openstack.org/wiki/Heat/Blueprints/hot-software-config-spec上的OpenStack文档这样描述：

资源类型 OS::Heat::SoftwareConfig::Chef 表明这是 Chef 特有的 Software Config 定义。cookbook 属性表明所使用的 Chef cookbook，role 属性表明通过该 Software Config 设置的角色。Input 区域包含输入参数的定义，这些参数将传递给 Chef 用于配置角色。Input 参数按照名称和类型定义。此外，mapping 指定各个输入参数需要赋给哪个角色属性(例如，Chef 特定的元数据)。

如果这看起来难以理解，别担心。这个例子仅仅为了让OpenStack开发人员意识到这些工具的存在，如果对它们熟悉的话，会有很多种方式将它们紧密集成到部署当中。再次说明，如何选择配置服务器和应用完全取决于你。你的公司或运作团队在这个主题上可能会有很多意见，或者由你单独做决定。重要的是要对所有的可用选项有一个总体的了解并形成项目计划。

在这个思路的基础上，我们再来看一下所有这些配置管理方案提供的另外两个重要的功能点。首先，它们提供了对服务器的集中式管理。一旦安装了客户端，并且服务器已经注册到master节点，就可以使用Web界面来做一些事情，例如搜索某台服务器，看看其安装了哪些软件，或者为其推送/调度安装一个补丁(见图6-5)。

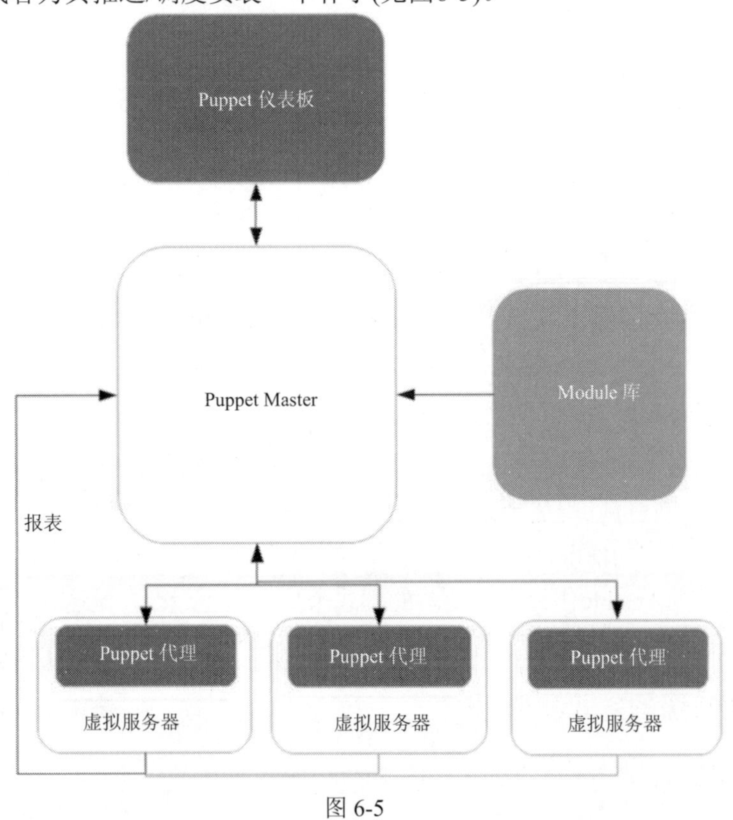

图 6-5

但是，这种配置不是必需的，这些工具都可以用于完全没有中心授权的非master模式。这些中心系统的功能和OpenStack/Horizon所能提供的功能之间有很多交叉的地方，因此，以非master的方式使用它们并不罕见。

它们提供的另外一个功能点是在远程服务器上执行任意命令的能力。这方面与允许主服务器为远程主机安装补丁的机制相同。当用于此类目的时，Ansible是一个不可或缺的工具。

不同于Puppet、Chef和Salt(在某种程度上)，Ansible不需要安装专门的客户端来支持远程命令的执行。它使用SSH和私有/公有密钥来达到类似的目的。使用本地文件配置Ansible并将命令一次性推送至多台服务器也很简单(与顺序推送相反)。这使得远程命令的执行变得快速且简单，这些命令可以来自于任何安装有Ansible的服务器。Ansible的配置文件示例如下所示：

```
[devservers]
dev.cloud.mycompany.com

[prodservers]
prod01.cloud.mycompany.com
prod02.cloud.mycompany.com
prod03.cloud.mycompany.com

[otherservers]
server1.cloud.mycompany.com
server2.cloud.mycompany.com
```

该文件定义了三组服务器(devservers、prodservers和otherservers)。命令可以在单台机器、某个组或所有组上一次性运行。也可以决定同时运行命令的机器数量。因此，例如，如果想要在所有生产服务器上同时更新Git，可以运行以下命令：

```
$ ansible prodservers -a "yum update -yq git" -f 3 -u myusername ↵
  --sudo --ask-sudo-pass -i /myuser/ansible_hosts
```

由于Yum通常需要sudo访问权限，因此ask-sudo-pass值会被调用，-f 3表明了想要同时运行命令的机器数量。如果prodservers组中定义了6台服务器，那么命令将分两个批次运行。这通常是有用的，它可以避免诸如缓存溢出之类的问题，或避免同时重启所有服务器而使应用出现短暂不可用的情况。

强烈推荐使用Ansible作为一种简单的方式来执行远程命令，但这并不能使其成为示例应用配置解决方案的不二选择。事实上，还有一个截然不同的选择需要考虑。

6.2.4　使用快照的方式和原因

在所有这些配置选择中，需要找到镜像合适的部署方式。完全可以在服务器配置完成后生成快照，并以该配置状态进行部署，而不是编写一台或几台服务器的不同角色的配置脚本。虽然这样做或构建自定义镜像有一些注意事项，但这通常都会发挥作用。镜像可以通过 Horizon 或 Glance API 上传，诸如 Bitnami 之类的公司会提供一些预配置的镜像，使得这项工作更加简单。但一般来说，这不是一个很好的解决方案。

镜像是笨重和麻烦的。如果想要修改某个文件中的一个值，就必须再次重建一个完整的镜像。这实际上是 Docker 使用 DockerFile 容器系统试图解决的主要问题之一。测试修改，调试，甚至是存储所有这些镜像会是一个消耗时间和空间的过程。另一方面，像 zip 小文件一样的配置脚本阐述了如何创建配置完整的盒子。它们易于编辑、存储和更新版本。取决于所涉及的软件，甚至可以使用相同的脚本配置 Windows 和 Linux 盒子。

但是，至少在一些情况下，创建自定义镜像是非常高效的解决方案。如果不使用容器，配置脚本运行要花很长时间，如果需要频繁部署，那么使用镜像或快照是一个更快速的选择。配置大的 Windows 系统也是同样的道理。.NET 组件和企业级 Windows 软件会花费数小时的时间完成安装和运行。镜像也是一种发布软件的有用方法。确保安装诸如 Puppet 或 Git 之类的软件可以防止其他团队必须自行安装和配置这些项目。在这种情况下，预配置镜像与启动后配置脚本的结合将会被有效使用。

因为示例应用的需求相对简单，并且使用 OpenStack 的原生工具，本章的其余部分将重点讲述在 Heat 中使用 Cloud-Init 和 user_data 来处理服务器配置。这将使事情变得简单，并且不需要深入了解任何配置管理工具。但是，对于自己的应用来说，我们鼓励你尝试并做出最适合你、你的团队以及你的应用的选择。

6.3 监控和计量

在此处开始讨论监控似乎有点奇怪。我们甚至还没有看到一个完整的部署方案。然而，监控是弹性的先决条件，并且某种程度上是进行有效扩展所必需的。毕竟，不知道系统负载的情况下，很难知道是否需要增加服务器数量或堆栈大小。即便通过手工或编程方式完成这种变更，也同样如此。

你可能会发现如果不使用 PaaS 或外部组件，应用部署实际上会包含自己的监控系统。这看起来有点像 Inception，但是在实践中并不复杂。监控服务器可以在第二个项目或栈中部署和配置，或者在同一个项目中与应用服务器串行部署。如果你在一家大公司工作，某些集中监控系统也可以拿来使用。

OpenStack 确实有几个内置监控选择可用于部署。Monasca 是一个提供监控即服务的 PaaS 组件。它由几个子组件组成：一个运行在每台服务器上的代理、一个与 Monasca REST API 对话的 CLI、一个度量存储系统、一个报警系统以及一个分析引擎，用来触发告警并提供其他一些功能。

HP、Rackspace 和 Monasca 之间的合作可以产生一个功能强大但是极度复杂的监控解决方案。关于完整的阐述和一些有趣的阅读资料，请参考 https://wiki.openstack.org/wiki/

Monasca。

其他提供了一些监控功能的系统是 Ceilometer。Ceilometer 已经在第 3 章讨论过。它主要是一个度量使用率的计量服务，并存储度量数据供后续分析。像 Monasca 一样，Ceilometer 可以度量诸如负载之类的指标，并在满足特定阈值时触发告警。与 Monasca 不同的是，它也可以报告一些详细信息，例如某个给定虚拟机或项目使用的处理器时长。它最直接的用处是可以提供基于使用率的计费和度量。在比较服务器配置的效率，或者判断哪些应用超配方面，它会非常有用。关于 Ceilometer 的更多文档请参考 https://wiki.openstack.org/wiki/Ceilometer。

如果你在寻找一个未集成到 OpenStack 中的现成的解决方案(通常情况下，这些服务不可用)，那么 Nagios 和 Sensu 值得一看。这两种方案都会添加一个客户端到要监控的每台服务器，并部署一个集中监控服务器来收集数据，然后将其展示在基于 Web 的用户界面上。与 Puppet 和 Chef 类似，可以将社区提交的检查项运行在客户端服务器上。这些检查项通常会查看诸如 CPU 使用率和可用内存之类的指标，并将结果或告警处理信息发送到中央枢纽。还有许多可用的由社区构建的处理程序，可以发送诸如 SMS 或电子邮件之类的信息，或者将结果录入数据库以供后续分析。

Nagios 目前最多可以免费监控七台服务器，而 Sensu(该领域的新产品)的非企业版本是免费的。这些系统都是完全脚本化的，因此可以提供所需要的任何级别的监控，也可以提供触发应用弹性变更所需要的任何功能。

一般来说，很难推荐其中一个作为完美的解决方案。Monasca 应该是佼佼者，但是它相当高深复杂，与 Sensu 和 Nagios 之类的系统相比，Ceilometer 未提供很大的灵活性。同时，外部解决方案都提供了良好的可用性，但是不能与 OpenStack 天然集成。例如，如果将这些工具加入示例应用的话，同样需要部署和配置中心服务器和客户端。

但是，Ceilometer 告警文档记录良好，可以在 Heat 模板中配置并使用，并提供某种程度的弹性。它因此成为示例应用的最佳选择。在现实场景中，你可能想要看到性能图表，并能够记录并告警团队成员关注特定的应用相关指标(例如连接或会话数量)。除了示例中的指标外，如果需要展示更多内容，Sensu 作为免费解决方案也许是一个很好的开始。

6.4　弹性

正如第 5 章所提到的，弹性是指应用能够以编程方式收缩和扩容以满足负载的理念。在非云的场景下，所部署服务器的大小和/或数量通常由你想要提供的最大容量决定。在一个弹性云应用中，理想情况下服务器的大小和/或数量应该是适应当前负载所需的最小值，并随着负载的增加，可以增长到最大值以满足需求。这与可伸缩性稍微不同，可伸缩性仅表示一个应用可增长的容量。

弹性背后的主要驱动力是在任何时间点都使用所需的绝对最小计算单元可以带来大

规模的成本节约。即便没有在托管解决方案中根据服务器付费，能够按需扩展应用也可以显著减小服务器机房所需的空间。

除了节约成本，弹性还有其他一些好处。弹性和可恢复性是相辅相成的。弹性应用自动升级以满足需求并保持活动状态，而不是当流量负载过大时来处理应用停机时间。也可以强制升级以处理硬件或网络故障，即便在流量负载较低/中等的时候。使用反关联的概念(一般使用不同机架上的服务器)，弹性应用在安装补丁或者处理硬件中断时也可以轻松保持运行状态。当一组服务器停机维护时，可使另外一组服务器处于可用状态。

当然，不是所有东西都需要弹性设计。

6.4.1 确保需要弹性/可伸缩性

你可能很少听说，不是所有的应用都需要缩放。无须缩放并不稀奇。无须缩放也并不酷。无须缩放不会为你赢得任何奖励。然而，如果可以避免缩放，那么可以集中精力在其他地方，并大大简化部署过程。以下是一些可能无须缩放的应用或环境的例子：

- **企业内部网站**：这些系统流量有限，并且停机时间不会影响客户。
- **后处理系统**：数据分析或数据处理系统可以受益于规模升级并加快处理速度，但是如果不是关键任务并且可以等待结果，那么快速得到结果并不总是值得花费精力。
- **单一/固定服务器应用**：一般来说，仍有很多软件只能在高配、快速、稳定的硬件上运行良好，并在有额外内存/处理器时可以提供速度优势。如果应用需求不允许跨多台服务器的分布式计算，并且它可以吸收所给予它的尽可能多的资源，那么它需要在尽可能大的单个示例上进行部署。

即便应用或应用的特定层不适用这些类别中的任何一个，而且想要实现扩展，这也并不意味着它需要弹性设计。弹性对成本节约很有用并且允许应用快速升级而无须人工干预，但是它并不总是值得或必要的。弹性在已经很复杂的技术列表中又添加了一层，并且需要花费时间和精力来实现和完善。某些情形并不适用于弹性设计，包括以下几种：

- **需要接收不间断的流量模式**：启动新的服务器虽然是快速的，但是即便使用容器也会有一些延迟。停机同样如此。负载均衡变更和配置更新也要花费一段时间来完成。如果必须处理快速的、巨大波动的流量，那么最好简单地设计一个能承载最大容量的方案并使之 7*24 小时不间断运行。
- **没有预算**：如果没有足够的预算，那么代办事项列表就少了一件事情。简单地将系统扩容，使之超出合理范围，在所处理的请求接近最大容量时增加更多计算资源，并在任何时候与错误边界保持较大距离。
- **有固定的预算**：如果没有预算支付额外的机器，那么升级应用就没有必要。如果某段时间需要使用较少的机器，那么遗憾的是预算常常会变得宽松。如果在固定的某段时间确实需要固定的成本，那么构建一个可伸缩的但非弹性的应用是一种合理的方式。只需要每季度或在预算变化时进行手动扩展即可。

- **应用有弹性设计的瓶颈**：如果外部因素限制了应用的用途，那么快速扩展或缩减应用来处理流量是没有意义的。如果应用有弹性设计的瓶颈，那么请考虑手动伸缩来匹配需求。

最后，如果应用有扩展的可能性，那么这样做是值得考虑的，作为部署的一部分，以编程方式进行弹性设计。如果想要看到云部署带来的所有好处，那么这一点是不可缺少的。自定义应用以及许多现成的系统可以通过这种方式获得快速处理能力、可恢复性和成本节约。

再次看看我们的示例应用，很容易看出，面对用户的 Web 层以及其余各层都可以从弹性伸缩中得到好处。但是数据库层可伸缩性不是很强，并且不会立即从额外增加的服务器中得到性能提升。将服务器添加到现有的 Galrea 群集也不是一个简单的过程，因为数据复制可能会花费很长一段时间才能同步。因此，一个很好的例子是，应用整体可伸缩，但是只有几个组件受益于弹性设计。

6.4.2　垂直扩展和水平扩展脚本的对比

应用添加弹性设计之前，其必须可扩展。在扩展设计之前，必须选择想要使用的扩展类型。最简单的形式是仅仅增加服务器配置大小，增加更多 CPU、内存或磁盘空间(取决于应用)。这称为垂直扩展，并能够以开箱即用的方式应用于几乎任何应用。

OpenStack 的垂直扩展设计非常简单，当新建服务器时，用户可以定义该实例的 Flavor(配置大小)。值得一提的是，并非所有的 OpenStack 设置允许增加某台已有服务器的大小，如果想要更小的配置，几乎总是需要创建一台新的实例。但是只要部署是脚本化的，创建和配置一台新的服务器应该都不难。

设想使用以下 heat 模板：

```
heat_template_version: 2014-10-16
description: Simple template to deploy a single compute instance
parameters:
 flavor_size:
  type: string
  label: Flavor Size
  description: The size fo the flavor to be used

resources:
 web_server:
  type: OS::Nova::Server
  properties:
   image: CentOS6_64
   flavor: { get_param: flavor_size }
```

将该文件保存为 test.yaml 并运行以下命令，将会创建一台最小配置的服务器：

```
$ heat stack-create test_stack -f test.yaml -P "flavor_size=m1.tiny"
```

垂直扩展它为一台更大的实例，可以简单地使用以下命令：

```
$ heat stack-update test_stack -f test.yaml -P "flavor_size=m1.large"
```

然后 heat 会在 Nova 中处理该命令来增加这台实例的配置大小，那么应用将有更大的马力来运行。水平扩展有一点复杂。

水平扩展涉及添加额外服务器到某个应用，通常添加在一个负载均衡器之后，负载均衡器处理初始请求并将其路由转发到单台实例。负载均衡器作为部署的一部分，这会增加其建立和配置的复杂性，但是水平扩展应用通常提供了更大的处理能力。在水平扩展的应用中，运行数百台专用于特定目的的服务器是不常见的。与此同时，垂直扩展应用的限制就是单台实例/flavor 的最大配置。垂直扩展的应用也缺乏由额外服务器带来的可恢复性和易维护性。

第 5 章中我们在 Web 层和 API 层都应该使用水平扩展。它将提供更大的处理能力，并且应用将受益于独立服务器提供的可恢复性。话虽如此，但值得注意的是，下述的大多数的技术也可以在有限垂直扩展方式中应用。毕竟，扔掉有问题的硬件有时是最快的解决方案。

6.4.3 再论负载均衡

第 5 章深入讨论了负载均衡。硬件解决方案有 A10，软件解决方案有 HAProxy，经由 Neutron 实现的负载均衡即服务(LBAAS)也是一种选择。此处你的选择会对部署方案产生很大影响。

大部分解决方案都有 API，可以通过编排或配置管理方案接入并调用。当使用第三方监控方案时，将负载均衡器的提供和配置作为部署的一部分包含进去也是有必要的。HAProxy 通常如此，其代理服务器可以是 OpenStack 项目中的一台虚拟机。

如果 LBAAS 可用并且在 OpenStack 安装中运行正常，那么这将是一个很好的选择。它很容易通过 Heat 配置，并且可以通过 Neutron API 直接接入。但是这还是一项相对不成熟的技术，对许多人来说，硬件或软件解决方案是唯一的选择。

我们的示例应用部署将专注于使用 LBAAS 和 Neutron。随着时间的推移，这种解决方案只会变得更好，且应用更加广泛。与此同时，如果由于某些原因需要创建自己的应用，HAProxy 是一个不错的选择。它确实存在单点故障的问题，因为它一般存在于单台机器，但是它对每个人都是免费的，并且它使得自动添加和删除服务器相对容易。

关于如何安装和配置 HAProxy 的大量信息请参考 http://www.haproxy.org/。假设它已经部署和配置完成，以下 Node.js 脚本演示了基本的自动更新概念，它避免了将负载均衡作为部署的一部分进行更新的需要。

```
#!/usr/bin/env node
```

```
var HAProxy = require("haproxy");
var OSWrap = require("openstack-wrapper");
var FS = require("fs");

var user = 'my_username';
var pass = 'my_password';
var pid = 'my_project_id';
var kurl = 'keystone_url';
var proxy_cfg ='/etc/haproxy/haproxy.cfg';

var haproxy = new HAProxy('optional/socket/path.sock', {});

OSWrap.getSimpleProject(user, pass, pid, kurl, function(error, project){
 if(error){console.error(error);return;}
 project.nova.listServers(error, server_array){
  if(error){console.error(error);return;}
  FS.writeFileSync('/etc/haproxy/haproxy.cfg', '
listen app *:80 \n
   mode http \n
   balance roundrobin \n
   option httpclose \n', 'utf8');
  var ip = '';
  for(var i = 0; i < server_array.length; i++)
  {
   //assuming only one network and a fixed ip
   for each(network in server_array[i].addresses)
   {ip = network[0].addr; break;}
   FS.appendFileSync(proxy_cfg, 'server '+i+' '+ip+':80\n', 'utf8');
  }

  haproxy.reload(function(error){
   if(error){console.log(error);return;}
  });
 });
});
```

将此作为一个代理服务器上的 cron job 定时任务，每隔 X 分钟就联系 OpenStack 安装，来获取服务器列表，并将它们写入配置文件，并使用新的配置文件热加载代理服务。

决定使用负载均衡后，要么通过 LBAAS/Neutron 实现，要么通过 HAProxy 自动化实现，然后我们继续往下看，并对以编程方式扩展应用的某些方法做一个详细了解。

6.4.4 使用 Heat 和 ResourceGroups 扩展

与定义每台服务器为一个条目相反，Heat 模板允许指定一个 ResourceGroup 和该resource 副本的数量。重写之前的 Heat 模板，如下所示：

```
heat_template_version: 2014-10-16
description: Template to mulitple servers of the same kind
parameters:
 server_count:
  type: number
  label: Server Count
  description: The number of servers do deploy

resources:
 tiny_cluster:
  type: OS::Heat::ResourceGroup
  properties:
   count: { get_param: server_count }
   resource_def:
    type: OS::Nova::Server
    properties:
     image: CentOS6_64
     flavor: m1.tiny
     user_data_format: RAW
     user_data:
      runcmd:
       - yum install -qy git
       - yum install -qy npm
       - git clone https:/github.com/folder/package.git /var/usr/share/app
       - node /usr/share/app/server.js
       - echo "You just installed and started a node app!"
```

将该文件保存为 group.yaml 并运行以下命令，将创建最小配置的服务器：

```
$ heat stack-create group_stack -f group.yaml -P "server_count=2"
```

增加该栈中的服务器数量，可以使用以下命令调用：

```
$ heat stack-update group_stack -f group.yaml -P "server_count=4"
```

使用这种技术，可以为示例应用的每层定义不同类型的 ResourceGroup，每个ResourceGroup 可以独立扩展。这个概念提供了一种涵盖所有组件的部署方案，但不包含负载均衡、监控和弹性设计。这几种被剔除在外的原因是它们很有可能在 OpenStack 范围之外处理。有个好消息是如果你发现自己的应用属于这种情况，仍然可以使用 Heat 和

ResourceGroup，将其作为广义部署脚本的一部分。本章中讨论的其他技术，例如外部 A10，可以纳入该脚本以完善部署方案。

如果足够幸运，经由 Neutron 的 LBAAS 连同 Ceilometer 告警功能一起变得可用，那么在 Heat 模板中就方便地拥有一个完整的弹性伸缩部署方案。

6.4.5　将 Heat、Ceilometer 和 AutoScalingGroup 组合在一起

在讲述最后一个例子并展示部署弹性应用的完整方案之前，先回顾一下本章做的关于如何部署示例应用的一些选择。

- 虚拟化——三层都使用虚拟机
- 编排——Heat
- 配置管理——Cloud-Init/user_data
- 监控——Ceilometer
- 扩展——所有三层都采用水平扩展
- 弹性——适用于 Web 和 API 层
- 负载均衡——Neutron/LBAAS

记住这些，我们来看看另一个例子。该例子将包含两个不同的文件。第一个文件描述单个服务器资源；第二个父级文件将使用该资源作为 AutoScalingGroup 的一部分。

```
heat_template_version: 2014-10-16
description: Simple Web Server + Load Balancer Member
parameters:
 network:
  type: string
  description: the network all of the servers will use
 pool_id:
  type: string
  description: the load balancer pool
 parent_stack_id:
  type: string
  description: the ID of the calling stack
resources:
 server:
  type: OS::Nova::Server
  properties:
   flavor: m1.tiny
   image: cirros-0.3.4-x86_64-uec
   metadata: {"metering.stack": {get_param: parent_stack_id}}
   networks: [{network: {get_param: network} }]
   user_data_format: RAW
   user_data: |
```

```
    #!/bin/sh

    # A tiny HTTP server that responds with the IP address of the server.

    IP='ip -f inet addr | grep inet | grep -v 127.0.0.1 | awk '{print $2}' ↵
    | cut -d / -f 1'
    LENGTH='echo x$IP | wc -c'
    cat > /tmp/http-response <<EOF
    HTTP/1.0 200 OK
    Content-Type: text/plain
    Content-Length: $LENGTH

    $IP
    EOF

    unix2dos /tmp/http-response
    nohup nc -p 80 -s $IP -n -lk -e cat /tmp/http-response &

    # now, let's add some load to trigger CPU alarms
    # find a number of seconds to burn based upon IP address
    # this way different ones will burn CPU at different times
    # 60, 180, 300, 420 seconds at a time
    # then sleep 120s
    SECONDS='echo $IP | awk -F . '{print 60 + $4 % 4 * 120}''
    cat > /tmp/load.sh <<EOF
    #!/bin/sh

    while [ 1 ]
    do
    if [ "0" -eq \'echo | awk '{print systime() % $SECONDS}'\' ]; then
     sleep 120
    fi
    done
    EOF
    chmod 777 /tmp/load.sh
    # cirros does something weird to /bin/sh so we need something else to
        run us
    # later - and there is no "at"
    nohup watch -t /tmp/load.sh &
member:
 type: OS::Neutron::PoolMember
 properties:
  pool_id: {get_param: pool_id}
```

```
    address: {get_attr: [server, first_address]}
    protocol_port: 80
```

我们将该文件命名为 web-server.yaml。简要来看，它使用一个参数来描述使用哪个网络和负载均衡池，以及另一个参数来定义该服务器所在的父级栈。所有这些参数实际上都由父模板提供，我们随后会讲到。首先，仔细检查 user_data 中的配置内容非常重要。作为 Cloud-Init 的一部分，该服务器将被配置运行一个小的 HTTP 服务器，仅用于返回实例的私有 IP 地址。因此，当从负载均衡器 VIP 发起调用请求时，将会看到哪台实例处理该请求。每台实例也运行一个后台进程，根据其 IP 地址，选择性地运行 CPU 60～480 秒不等，然后休眠 120 秒。这会模拟负载并触发弹性伸缩。

关于 Heat 主/父模板，其内容如下所示：

```
heat_template_version: 2014-10-16
description: AutoScaling Web Application
parameters:
 network:
  type: string
  description: the network all of the servers will use
 subnet_id:
  type: string
  description: the load balancer subnet
 external_network_id:
  type: string
  description: the UUID of the external Neutron network
resources:
 web_server_group:
  type: OS::Heat::AutoScalingGroup
  properties:
   min_size: 2
   max_size: 5
   resource:
    type: web-server.yaml
    properties:
     pool_id: {get_resource: pool}
     network: {get_param: network}
     parent_stack_id: {get_param: "OS::stack_id"}
 scaleup_policy:
  type: OS::Heat::ScalingPolicy
  properties:
   adjustment_type: change_in_capacity
   auto_scaling_group_id: {get_resource: web_server_group}
   cooldown: 30
```

```
      scaling_adjustment: 1
    scaledown_policy:
     type: OS::Heat::ScalingPolicy
     properties:
      adjustment_type: change_in_capacity
      auto_scaling_group_id: {get_resource: web_server_group}
      cooldown: 30
      scaling_adjustment: -1
    cpu_alarm_high:
     type: OS::Ceilometer::Alarm
     properties:
      description: If the avg CPU > 40% for 30 seconds then scale up
      meter_name: cpu_util
      statistic: avg
      period: 30
      evaluation_periods: 1
      threshold: 40
      alarm_actions:
       - {get_attr: [scaleup_policy, alarm_url]}
      matching_metadata: {'metadata.user_metadata.stack': {get_param:
"OS::stack_id"}}
      comparison_operator: gt
    cpu_alarm_low:
     type: OS::Ceilometer::Alarm
     properties:
      description: If the avg CPU < 15% for 90 seconds then scale down
      meter_name: cpu_util
      statistic: avg
      period: 90
      evaluation_periods: 1
      threshold: 15
      alarm_actions:
       - {get_attr: [scaledown_policy, alarm_url]}
      matching_metadata: {'metadata.user_metadata.stack': {get_param:
"OS::stack_id"}}
      comparison_operator: lt
    monitor:
     type: OS::Neutron::HealthMonitor
     properties:
      type: TCP
      delay: 5
      max_retries: 5
      timeout: 5
```

```
pool:
 type: OS::Neutron::Pool
 properties:
  protocol: HTTP
  monitors: [{get_resource: monitor}]
  subnet_id: {get_param: subnet_id}
  lb_method: ROUND_ROBIN
  vip:
   protocol_port: 80
lb:
 type: OS::Neutron::LoadBalancer
 properties:
  protocol_port: 80
  pool_id: {get_resource: pool}

lb_floating:
 type: OS::Neutron::FloatingIP
 properties:
  floating_network_id: {get_param: external_network_id}
  port_id: {get_attr: [pool, vip, port_id]}

outputs:
 scale_up_url:
  description: >
   Invoke the scale-up operation by doing an HTTP POST to this
   URL;
  value: {get_attr: [scaleup_policy, alarm_url]}
 scale_dn_url:
  description: >
   Invoke the scale-down operation by doing an HTTP POST to
   this URL;
  value: {get_attr: [scaledown_policy, alarm_url]}
 pool_ip_address:
  value: {get_attr: [pool, vip, address]}
  description: The IP address of the load balancing pool
 website_url:
  value:
   str_replace:
    template: http://host/
    params:
     host: { get_attr: [lb_floating, floating_ip_address] }
  description: >
   This URL is the "external" load balanced url
```

我们将该文件命名为 final.yaml。它包含创建多台服务器所需的所有指令，这些服务器在 web-server.yaml 中所定义。它将最少维护两台服务器，并最多扩展到五台，它们由 AutoScalingGroup 中的 min_size 和 max_size 定义。它也实现了 Ceilometer 告警，在 CPU 平均使用率高于 40%超过 30 秒时触发扩展，当 CPU 平均使用率低于 15%超过 90 秒时触发缩减，并将这些告警策略应用于服务器组。

使用该模板创建/更新栈时，首先需要为服务器/负载均衡器手动创建网络、子网和路由器。然后将这些值作为参数传递，如下所示：

```
$ heat stack-create -f final.yaml -P "network=web-net;subnet_id=$subnet_id; ↵
  external_network_id=$public_net_id" autoscale;
```

该命令应该会输出一些信息，包含负载均衡器的 Web 服务地址，它将请求轮询转发到两台 Web 服务器。反复单击该 URL 将显示不同的 IP 地址，指向轮询方式下的不同的服务器。很短的一段时间后，应该会有新的服务器添加进来，并出现新的地址，然后随着负载的降低，它们将会消失。如果你想要做些尝试，这些模板和创建网络的脚本可以在本书的 GitHub 代码仓库的 final_deployment 文件夹下找到，代码仓库地址是 https://github.com/johnbelamaric/openstack-appdev-book。

为使用该方法部署示例应用，我们会结合使用两个AutoScalingGroup(一个用于Web层，一个用于API层)，一个用于MySQL层的ResourceGroup。每组的user_data部分将包含该类型服务器的配置命令并且每组可以独立扩展。这种脚本的创建过程通常比一次性手动提供和配置环境的时间要长。但是，它的好处是单击一下按钮就能够以编程方式重建应用所需要的一切。如果某个项目被淘汰，或需要一个开发/测试环境，那么可以立即创建另一个环境并投入使用。

这不是一个万能的解决方案。这些都是根据个人偏好、易用性和示例应用的环境的需求做出的选择。还有很多其他选择，当部署自己的云应用时，最终方案可能涉及不同的选择，并且看起来截然不同。这是预料之中的。不过，现在你已经掌握了一些基本的知识和技能，来做出选择并编写自己的基于云的应用部署脚本。

6.5 更新和补丁

有时部署完一个应用，你的工作就基本上完成了。应用通常通过自动更新使自身保持最新。现代浏览器就是一个很好的例子。它们中的大多数会在启动时检查更新、下载补丁并在启动前安装。不过，通常情况下，应用有几个组件需要手动频繁更新。基于 Web 的应用中的 jQuery 库就是一个很好的例子。服务器本身也可能需要补丁更新。安全漏洞更新和性能改进修复程序在任何公司都是司空见惯的事。

起初，应该会简单地使用传统方法，并且能够胜任。手动更新和重启服务器肯定会修复它们。任何促进代码更新的标准方法也会起作用。一旦部署完成，基于 OpenStack 的应用与只运行在硬件上的应用的很大一部分是类似的。

但是，部署新服务器的小成本和以编程方式脚本化网络的能力，允许使用一些独特的方式进行持续维护。

6.5.1　补丁更新选择

如果你工作在一家大公司，一些补丁更新机制很有可能已经存在。需要考虑的是，网络上的一些机器因缺乏安全更新而受到攻击是真实世界中存在的问题。即便你处于这种环境中，这种方法也不一定顾及到所有补丁。专业应用软件的补丁以及不解决性能或安全问题的更新仍然是 devops 的责任。

其中一种修补方式取决于你的配置管理选择。如果选择使用诸如 Puppet 或 Chef 之类的第三方工具，它们的集中式管理功能使补丁更新变得轻而易举。它们也允许定时更新，以及前面所提到的远程命令执行。如果应用被设计为多个区域或多个负载均衡群集，正如第 5 章所讨论的那样，那么在某一时刻修补/重启一个区域/群集并避免停机时间是一件很简单的事。

Ansible 的远程执行功能也是一个出色的解决方案。应用可能包含多台小服务器。可以在 Ansible 配置文件中将这些服务器任意分组，然后在某个时刻在一个组上执行更新命令。这是避免停机时间和重建需求的一个很好的方法。

OpenStack 未提供任何特定的第一方修补工具。取而代之的是，我们已经讨论过的某些组件可以用于补丁更新，Glance 镜像是另一个常见的途径。虽然不推荐它作为一个完整的解决方案，但是更新过的镜像通常可用，并可以用来处理基本的操作系统更新。为了使系统满足规范，可以简单地使用这些新的镜像将应用的一部分或全部进行重新部署。

这就是将镜像作为参数包含在 Heat 模板中的一个重要原因。运行以下命令可以使用这个新镜像更新所有服务器：

```
$ heat stack-update test_stack -f test.yaml -P "image=CentOS64-Update2"
```

当然，这会同时重建所有服务器，因此即便没有多台逻辑上的群集，出于补丁更新的目的，将服务器单独分为不同的 ResourceGroup 也是非常有用的。这种方式可以在某个时刻只更新一组服务器的镜像：

```
$ heat stack-update test_stack -f test.yaml -P "group1_image=CentOS ↵
  64-Update2;group2_image=CentOS64-Update3"
```

6.5.2　OpenStack 持续集成/持续交付

未提到敏捷方法的现代开发(或 devops)理论是不完整的。敏捷方法的使用者遍布现代工作场所和技术社区。在任何环境类型中，频繁发布更新的需求、A/B 测试需求，以及作为部署的一部分编程测试应用代码库的需求，都是持续集成/持续交付(CI/CD，Continuous Integration/Continuous Delivery)和敏捷方法具有挑战性的方面。幸运的是，使用 OpenStack

的情况下，部署方案实际上可以针对这些挑战提供一些独特的解决办法。我们依次来看这些办法。

这里的第一个需求是频繁发布。如果是将应用迁移到云，那么当前的生产环境代码更新机制十有八九能够继续发挥作用。这样就可以使用之前讨论的补丁更新方法来处理。一旦应用通过了所有测试，只需要调用 Heat 或 Nova 的 API 来启动新的服务器并下线老的服务器。如果所选择的虚拟化技术是容器，那么几乎必然会以这种方式部署所有更新。如果不是，那么也可以使用 Ansible 或类似技术在服务器上远程分批执行命令，以便从中心代码库更新代码。

OpenStack 为下一个挑战呈现了一个更有趣的解决方案。A/B 测试需求是在应用演变过程中做出明智选择所不可或缺的。传统处理方法包括 bucket 方法，它使应用在同一台机器上运行几个不同的版本，还包括基于代码的解决方案，它以编程方式为不同用户呈现不同的选择。然而，部分复制生产环境的能力允许同时快速部署多个版本的应用。这使得代码库 A 和代码库 B 完全分离，允许进行性能对比并防止其中一个代码库影响另外一个。测试结束后，可以拆除 A 或 B 并且可以将这些资源用于其他项目。

最后一项是应用测试，它通常包含单元测试和功能测试，基于云的平台也有一些独特的解决方案。单元测试可以在任何环境下运行，但是功能测试通常需要一个完整的功能环境。这又是一个使用部署脚本创建另一套工作环境的机会，以便在其中运行测试。将一台 commit hook 发起调用来创建环境，运行测试，发布结果并拆除环境的系统使用脚本做快照是合理的。使用部署脚本、模板或所选的任何技术确保该测试环境可以完美模拟生产环境并且不会受到前面测试的影响。在此方案中，甚至可以实现多台测试环境运行多个版本的应用及其测试，而不是在队列中等待一个专用的测试环境。

总之，OpenStack 使得 CI/CD 和补丁更新更加简单，或者它至少提出了很多以前不可用的解决方案。这些方案中有很多不特定于 OpenStack，它们可用于任何云环境。然而，你的部署方案有可能是特定于 OpenStack 的，它会影响应用/环境修补和更新的方式。正是因为这个原因，本章最后讨论应用维护。它是确定最终部署方案之前最后要考虑的事。

6.6　小结

如果你扮演开发人员或系统管理员的角色，做出所有必要的选择并将它们脚本化将是一个很大的转变。桥接这两个世界将带来很多好处并且这也是事物发展的趋势，因为这些好处通常带来巨大的成本节约。出于这个原因目前有一些对 devops 专业技术的需求。虽然容器和第三方开发的部署方式将继续发展，但是硬件、网络和软件配置的基本概念会以某种或其他的形式保留不变。OpenStack 试图为这些概念的蓬勃发展提供一个开放式平台，不管哪种技术最终胜出，OpenStack 都将是一个绝佳选择。

6.7　本书总结

在本书中，我们已经讨论了 OpenStack 到底是什么以及它能提供什么。讲述了构成 OpenStack 主要部分的各种组件和项目。讲述了如何使用云的一些特点创建和改进应用。我们也提供了一些部署和维护这些应用的选择，所有这些都将帮助你开始使用 OpenStack。

使用基于 OpenStack 的环境最大的一个乐趣是能够进行没有什么后果的试验。可以锁定一台服务器并从一个网站重启它而不需要呼叫服务器机房。可以分配和释放磁盘空间、IP 地址和数据库之类的资源而不会因没有服务凭证而挫败。甚至错误配置一台服务器导致其不可使用，也可以通过在几秒钟内删除并重建来解决。这种自助服务的基础设施是 devops 的核心并使得学习 OpenStack 变得有趣且令人兴奋。这也使它变得有些势不可挡。

使用 OpenStack 可实现的五花八门的内容有点令人望而生畏。它不仅仅是使用另一种程序或另一种语言，以另一种方式编写 if then 语句。关于如何创建 Web 层以及如何设计现代 Web 应用，OpenStack 和其他基于云的解决方案代表一种根本性的转变。它要求一种全新的技能，以及将诸如服务器、网络设备之类的物理对象看作软件程序中对象的能力。甚至这些东西本身的名称都会变得很怪异。弄清楚 Nova、Neutron、Kilo 和 Kubernetes 需要时间和精力，以及对该主题的兴趣。

对一些人来说，这可能很自然，但是对于我们大多数人来说，需要大量的试验、失败和反复失败。熟练掌握会为你带来回报，对于 OpenStack 来说，它允许你在未来数年做想要做的事情，并以一种从未有过的方式，给予你环境的控制权。

除了本书以外，还有许多资源可以帮助你熟练掌握 OpenStack。首先，网络上有很多 OpenStack 教程、博客和 API 文档。以下一些网站可能对你的学习有帮助：

- https://www.openstack.org/：OpenStack 的主页，即便你不是为了寻找某个特定问题的答案，它仍然值得探索。
- http://developer.openstack.org/api-ref.html：几个可用的 API 参考文档之一。它似乎总是缺少一些东西，但它会频繁更新并且可能是 API 文档和示例最好的选择。
- https://developer.rackspace.com/blog/：Rackspace 继续提供 OpenStack 最新教程和有趣的话题讨论。
- https://wiki.openstack.org：涵盖了所有主要项目的描述，如果想对任何一个组件做深入了解，这里是一个很好的开始。

如果想要参考网络之外的资源，随着 OpenStack 的接纳程度越来越高，一些课程和物理世界的资源也会越来越多。另一个增加 OpenStack 知识和技能的主要途径之一是每半年度在世界各地举行的会议。你可以在 https://www.openstack.org/summit/上看到会议的举办地点。

与 OpenStack 分享经验并参与社区也是一种对 OpenStack 贡献的很好的方式。这可以像为丢失的方法或值补充文档这样简单，也可以像为下一个主要版本发布提供一个补丁这样复杂。参与程度完全取决于你，但是这样做是有回报的，并且对开源软件的应用有很大意义。

最后，OpenStack 就是选择：实现方式的选择、使用方式的选择，以及参与其生命周期方式的选择。更重要的是，OpenStack 将在一个激烈的竞争领域里成为一个独一无二的产品。现在，使用 OpenStack 去构建下一个伟大传奇吧！